河北省中小学生校服标准规范

牛海波　主编

贡利华　臧莉静　张静　副主编

王振贵　孙超　参编

U0350593

 中国纺织出版社

内 容 提 要

本书是针对河北省中小学校服而制定的相关技术性标准，从保证学生校服产品品质的要求出发，确保校服质量，更好地保护中小学生健康安全。依据国家GB/T 31888—2015《中小学生校服》标准，在制定《河北省中小学生校服标准规范》过程中吸收了大量的研究成果，打破机织服装、针织服装产业界限，从利于广大青少年健康成长的角度来制定标准，全面规范了校服的基本安全和质量，构筑了中小学生校服质量的安全防线。其中"校服纺织品类面辅料使用标准""校服相关设计标准""校服样板标准""校服工艺技术标准"等是在国家标准基础之上，细化了行业标准。新标准的推行主要采用推荐性标准又称为非强制性标准或自愿性标准，是指生产、交换、使用等方面，通过经济手段或市场调节而自愿采用的一类标准。该标准的内容规定得比较灵活、宽裕，对一些细节要求一般不予规定，有较强的市场适应性。

图书在版编目（CIP）数据

河北省中小学生校服标准规范 / 牛海波主编 . -- 北京：中国纺织出版社，2018.12

ISBN 978-7-5180-5631-6

Ⅰ . ①河… Ⅱ . ①牛… Ⅲ . ①中小学生 – 校服 – 标准 – 河北 Ⅳ . ① TS941.732–65

中国版本图书馆 CIP 数据核字（2018）第 256226 号

策划编辑：宗 静 责任编辑：亢莹莹
责任校对：寇晨晨 责任印制：何 建

中国纺织出版社出版发行
地址：北京市朝阳区百子湾东里A407号楼 邮政编码：100124
销售电话：010—67004422 传真：010—87155801
http：//www.c-textilep.com
E-mail：faxing@c-textilep.com
中国纺织出版社天猫旗舰店
官方微博http：//weibo.com/2119887771
北京玺诚印务有限公司印刷 各地新华书店经销
2018年12月第1版第1次印刷
开本：787×1092 1/16 印张：7.5
字数：144千字 定价：68.00元

凡购本书，如有缺页、倒页、脱页，由本社图书营销中心调换

前言

　　《河北省中小学生校服标准规范》中，"校服纺织品类面辅料使用标准""校服相关设计标准""校服样板技术标准""校服工艺技术标准"等是在国家标准基础之上，细化了的行业标准。新标准的推行主要采用推荐性标准，又称为非强制性标准或自愿性标准，它是指在生产、交换、使用等方面，通过经济手段或市场调节而自愿采用推荐性标准的一类标准。

　　这类推荐性标准，不具有强制性，任何单位均有权决定是否采用，违反这类标准，不构成经济或法律方面的责任。特别强调的是，推荐性标准一经接受并采用或各方商定同意纳入经济合同中，就成为各方必须共同遵守的技术依据，具有法律上的约束性。推荐性标准通用性较强、覆盖面大，这主要是该标准的内容规定得比较灵活、宽裕，对一些细节要求一般不予规定，有较强的市场适应性。

　　2015年12月以校企联盟形式在邢台职业技术学院成立了河北省学生装研发中心，在河北省教育装备管理中心的指导下，邢台职业技术学院同河北鸿鹄雨仪器设备有限公司、格罗礼阳科技有限公司开展学生装产品研发工作，并共同制定了河北省中小学生校服标准规范。

　　本标准规范按照GB/T 1.1—2009给出的规则以及国标GB/T 31888—2015中小学生校服标准进行起草。

　　本标准规范共分4章，第1章，校服纺织品类面辅料使用标准，主要编写人为牛海波；第2章，河北省中小学生校服相关设计标准，主要编写人为张静；第3章，河北省中小学校服样板技术标准，主要编写人为臧莉静；第4章，河北省中小学校服工艺技术标准，主要编写人为贡利华。

　　同时，王振贵参与编写了第1章纺织品的表示标志，孙超参与编写了第2章配饰。

　　本标准规范由邢台职业技术学院负责起草，在编写过程中，得到了邢台职业技术学院马东霄院长、李贤彬副院长、刘卫红副院长的关心与指导，在此一并表示感谢。

　　编审委员会成员：范树林、宋敬轩（河北鸿鹄雨仪器设备有限公司）、程永利（河北鸿鹄雨仪器设备有限公司）、牛海波、臧莉静、贡利华、张静、王振贵、孙超。

编　者

2018年10月

目录

第1章 校服纺织品类面辅料使用标准

1.1 范围

本标准规定了学生装面辅料的要求、检测方法、检验分类规则及判定原则等技术规范。

本标准适用于以机织物、针织物为主要原料，成批生产的各种款式的学生日常穿着服装，不包括学生在特种场合下穿着的服装，如演出服、实习服、礼仪服、比赛服等。

1.2 中小学生校服产品标准介绍

2016年出台的国家标准GB/T 31888—2015《中小学生校服》是我国第一个专门针对中小学生校服产品的国家标准。

据了解，这项标准实施前，我国的中小学生校服必须执行《国家纺织产品基本安全技术规范》和《消费品使用说明 第4部分：纺织品和服装》等强制性国家标准。一般产品性能主要参照《机织学生服》《针织学生服》以及《中小学生交通安全反光校服》《学生服商品验收规范》等国家标准和行业标准，十多个省市还制定了地方校服标准。由于标准分散，标准之间协调性不够强，一方面不便于实施，另一方面容易让普通消费者产生我国没有校服标准的错觉。《中小学生校服》国家标准对现行有关标准进行整合，既方便使用，又可更好地构筑中小学生校服质量安全门槛，为校服管理和监管体系的建立提供有效技术支撑。

据介绍，制定中小学生校服国家标准遵循了五项原则，一是以解决当前校服突出质量安全问题为出发点，为教育主管部门制定校服管理办法提供标准依据，同时为校服各相关方更加方便地使用标准提供更为明确的指向；二是产品不分品等，只设立一档基本的准入门槛，确保校服质量基本安全；三是技术要求与现行相关标准协调一致，安全性方面与现行强制性安全标准相协调，一般性能要求与现行儿童服装、学生服等同类标准的一等品指标相当或更优，简化外观考核，重点关注消费者可视的一些关键点；四是打破机织、针织界限和固有体系，从最终用途方面提出技术要求；五是测试方法采用国际国内已有的、通用的标准，避免方法不统一而造成的试验结果不可比。检验规则也采用通行标准做法。

技术要求是这项标准的核心内容。标准的安全要求和内在质量规定甲醛、pH、可分解致癌芳香胺染料等含量执行强制性国家标准《国家纺织产品基本安全技术规范》直接接触皮肤的B类要求，燃烧性能、附件锐利性、服装绳带和残留金属针等执行强制性国家标准《婴幼儿及儿童纺织产品安全技术规范》的要求。内在质量较一般服装产品的要求更高，部分指标达到优等品水平，包括色牢度、起球、顶破强力（针织类）、断裂强力（机织类）、胀破强力（毛针织类）、接缝强力、接缝处纱线滑移、水洗尺寸变化率、水洗后扭曲率和水洗后外观等，其指标水平与现行儿童服装、学生服等标准的一等品指标相当。特别是色牢度、水洗尺寸变化率和起毛起球这些消费者易感知的产品质量，在个别项目或某些品种上达到了优等品指标。

技术要求中的面料纤维成分规定，直接接触皮肤产品的棉纤维含量不低于35%，以保证校服的舒适性；防寒服的填充物考虑到冬装校服填充物也是常见的羽绒、纤维等，对防寒服的填充物直接引用现有国家标准；标准在外观质量方面进行了简化，重点关注可视的关键因素，标准将疵点划分为色差、布面疵点、对称部位尺寸差异、部件缺陷等，其指标水平与现行儿童服装、学生服等标准的一等品甚至优等品指标相当。

据了解，教育部、工商总局、质检总局和国家标准委四个部委还将联合出台校服相关管理文件，要求各地、各学校要严格执行该标准，确保校服质量，更好地保护中小学生健康安全。

1.3　校服面辅料检验标准

1.3.1　面料检查要点

面料检查一般以随机抽样形式进行，从整批面料中，任意挑选一定数量的样本，以视觉审察来决定整批的品质。面料检查包括下列几项基本要点：

（1）布匹长度。

将准备检查的布卷，逐一放在验布机上，利用米表或码表量度每匹的长度，然后将所得长度与布卷标签上长度核对，并将结果记录在验布报告表上。

（2）布匹幅宽。

在查验过程中，随意在每匹布料上量取三个宽度，然后将结果记录在验布报告表上。

（3）纱线细度。

由于纱线细度与重量相关，所以可以利用天平或电子磅来检定纱线的细度。检查人员首先从批核样中抽出一定长度的经纱，放在天平的一边，然后从来料中抽出同一长度的经纱，放在天平的另一边。如果天平保持平衡，这表示来料和批核样的纱线细度是相同的；如果天平出现不平衡，这便表示两者细度存在差异。检查员可以重复以上办法来检定纬纱的细度。

（4）经纬密度。

检查人员可以利用放大镜或布镜将面料放大查看，利用肉眼观察计算在一平方英寸内经纱和纬纱的数目，然后将所得数目与规格或批核样相比，便可知道来料的经纬密度是否符合标准。

（5）组织结构。

跟检查经纬密度一样，检查人员可以利用放大镜或布镜，观察布料的平纹、斜纹、缎纹等组织结构是否正确。

（6）重量。

检查人员可以利用电子磅来测量布料的重量，利用圆形切样器，在每匹面料不同部位，切出100平方厘米的标准面积，然后放在电子磅上，荧幕便立即准确地显示该块面料的重量。

（7）颜色。

检查人员可以利用对色灯箱来检验面料颜色。使用灯箱有一点必须留意，就是不论色办或货料，每次所用光源必须一致，否则所有颜色比较都是没意义的。

（8）疵点。

将卷着的面料松开，以一定速度，将面料拉过装有照明系统的验布台，以便检查人员能够清楚审察面料上的瑕疵，然后在另一端将滑过验布台的面料重新卷上。

1.3.2　面料检验评分法

检定标准：直至目前，国际上还没有任何认可面料检验的标准，但西欧和美国等国家和地区有其常用制度以控制处理面料疵点，以下两个是最常用的制度。

（1）十分制评法。

此检验标准适用于任何纤维成分、布幅和组织的机织坯布及整理布上。由于一般买家所关心的是面料因疵点所剪掉的数量及招致的投诉，并非是疵点的来源或成因，所以此评分法只是根据疵点的大小来评核等级。评核方法是检查人员根据疵点评分标准查验每匹面料的疵点，记录在报告表上，并给出处罚分数，作为面料等级评估结果。

疵点评分：以疵点的长度分经线不同的扣分方法。

经疵长度处罚分数：10～36英寸扣10分，5～10英寸扣5分，1～5英寸扣3分，1英寸以下扣1分。

经疵长度处罚分数：全布幅扣10分，5英寸至半布幅扣5分，1～5英寸扣3分，1英寸扣1分，除特别声明外，否则验布只限于检查布面的疵点。另外，在布边半英寸以内的疵点可以不理会。每码面料的经疵和线疵评分总和不得超过10分；换言之，就算疵点很多或非常严重，最高处罚分数都只是10分。若疵点在一个很多的长度重复地出现，在此情况下，就算处罚分数的总和较被查验的码数小，该匹面料也应评为"次级"。

等级评估：根据检查的结果，将该匹面料评估为"首级"品质或"次级"品质。如果处罚分数的总和较被查验的码数小，该匹面料则被评为"首级"。如果处罚分数的总和超过被查验的码数，该匹面料则被评为"次级"。由于较阔布封附有疵点的机会比较大，所以当布封超过50英寸时，"首级"面料的处罚分数限制可以略放宽，但不应多于10%。

（2）四分制评法。

该评分法主要应用于针织面料上，但也可应用于机织面料。"四分制"与"十分制"的基本概念和模式非常相似，只不过是判罚疵点分数上不同而已。该评核方法跟"十分制"一样，检查人员根据疵点评分标准查验每匹面料的疵点，记录在报告表上，并给予处罚分数，作为布料的等级评估结果。

疵点评分：疵点扣分不分经纬向，依据疵点的长度给予恰当扣分。

疵点长度：处罚分数3英寸或以下扣1分，超过3英寸但不超过6英寸扣2分，超过6英寸但不超过9英寸扣3分，超过9英寸扣4分，除特别声明外，否则只需检查布面的疵点。另外，在布边1英寸以内的疵点可以不理会。不论幅宽，每码面料的最高处罚分数为4分。特殊瑕疵，如破洞、轧梭，一律扣4分。

等级评估：不论检查面料的数量是多少，此检定制度须以100平方码面料长度的评分总和为标准。若疵点评分超过40分，该匹面料则便被评为"次级"及不合标准。

计算公式为：100平方码平均扣分数=（总扣分×100×36）/〔检查总码数×规格幅宽（寸）〕。四分制检查报告表范本QC查布用到的"四分制"与"十分制"检验标准对照。

1.3.3　AATCC检验及抽样标准

（1）抽样数量：总码数的平方根×8。

（2）抽箱数：总箱数的平方根。

1.3.4　四分制检验

（1）疵点的评分原则：

A. 同一码中所有经纬向的疵点扣分不超过4分。

B. 破洞不论大小扣4分。

C. 布边1英寸内不扣分。

D. 连续性疵点须开裁或降等外品。

E. 任何大于针孔的洞均扣4分。

F. 无论经向或纬向，无论何病疵，都以看得见为原则，并按疵点评分给予正确扣分。

G. 除了特殊规定（比如涂层上胶布），通常只需检验面料的正面。

（2）等级计算方法有两种：

A. 以线长度为基准计算：100m扣分不超过50分为A级（为可接受范围）；100m扣分超过50分为B级（为不可接受范围）。

B. 以平方码为基准计算：〔每百平方码40分（为可接受范围）总疵点评分×3600〕/〔被查布匹实际长度×实际布匹门幅（英寸）〕。

拒收标准：

A. 一匹布疵点评分超过40分。

B. 整匹大货的标准疵点超过20分。

C. 疵点连续出现在3米或以上，不论疵点评分多少。

1.3.5　十分制检验

疵点的评分原则：

（1）同一码中所有经纬向的疵点扣分不超过10分。

（2）破洞不论大小扣10分。

（3）布边半英寸内不扣分。

（4）连续性疵点须开裁或降等外品。

（5）任何大于针孔的洞均扣10分。

（6）无论经向或纬向，无论何病疵，都以看得见为原则，并按疵点评分给予正确扣分。

（7）除了特殊规定（比如涂层上胶布），通常只需检验面料的正面。

1.3.6　等级计算方法

（1）可接受范围：总分数小于总码数。

（2）百码扣分不得超过100分。

1.4　校服面料成分标准

1.4.1　天然纤维类

（1）棉（Cotton）。

棉是天然植物纤维，其织物具有吸湿透气、柔软舒适等特点，常用于内衣、童装和休闲服等。全棉服装易皱，易缩水，不够挺括。为改善服装性能，全棉面料通常采用后整理工艺，使服装具有抗皱、防缩等性能。

（2）亚麻（Linen）。

亚麻是天然植物纤维，其织物具有吸湿、透气、导热性好，且挺括不易贴身等优点，多用于夏装面料。未经特殊处理的亚麻面料较为粗糙，穿着有刺痒感，所以麻制服装大多要经过水洗、柔软整理等处理，使面料柔软舒适。

（3）真丝（Silk）。

真丝是天然动物蛋白质纤维，具有光滑柔软，富有光泽的特点，其织物多用于夏装面料，穿着舒适凉爽、轻薄透气、高贵典雅。为避免面料褪色和脆化，洗涤后不宜暴晒。

（4）羊毛（Wool）。

羊毛是天然动物蛋白质纤维，其织物具有手感柔软、保暖耐磨、富有弹性、不易褶皱的特点，常用于制作大衣、西装、针织衫等。毛料服装要注意防霉防虫，大衣、西装等宜干洗，羊毛衫宜冷水洗涤，避免用力揉搓，防止羊毛毡缩。常见的毛纤维还有美利奴羊毛（Merino Wool）、羊仔毛（Lambs Wool）、安哥拉兔毛（Angola）、马海毛（Mohair）、骆驼毛（Camelhair）等。

（5）山羊绒（Cashmere）。

山羊绒是山羊的细绒毛，属于天然动物蛋白质纤维。克什米尔地区在历史上曾是山羊绒向欧洲输出的集散地，因此国际上习惯称山羊绒为"克什米尔（Cashmere）"。由于稀少和卓越的触感，羊绒素有"纤维女王""软黄金"的称谓。羊绒面料具有纤细、轻薄、柔软、滑糯、保暖等特点，常用于高档服装面料。

1.4.2 化学纤维类。

（1）人造纤维类。

A．黏胶（Viscose）。是黏胶纤维的总称。黏胶是以棉或其他天然纤维为原料生产的再生纤维素纤维。分棉型、毛型和长丝型，俗称人造棉、人造毛和人造丝。天丝和竹纤维都是近年来出现的高档黏胶纤维新品种。

B．醋酯纤维（Acetate）。又称醋酸纤维，它是抽取木材中最柔嫩的部分加以溶化制丝后纺制而成的，多用于里布。

C．人造棉（Rayon）。是一种黏胶纤维。又名嫘萦，俗称"人造棉"。在美国FTC纤维分类中，凡是用再生纤维分子做原料，而羟基中的氢含量不超过15%的都算人造棉。

D．天丝（Tencel）。是英国Acocdis公司生产的Lyocell纤维的商标名称，中文商标为"天丝"，它是一种人造纤维素纤维。天丝纤维采用纯天然材料为原料，制造流程符合绿色环保的要求，堪称21世纪的"绿色纤维"。它具有棉的舒适、涤的强度、毛的豪华美感和丝的独特触感及悬垂性能，其织物广泛应用于内衣、牛仔面料、裙料和针织服装等。

E．莫代尔（Modal）。是一种全新的纤维素纤维，原料采用欧洲的榉木，经打浆、纺丝而成，并且在纤维生产过程中不产生类似黏胶纤维严重污染环境的问题，和天丝纤维一样都是绿色环保纤维，但其价格只是天丝纤维的一半。莫代尔纤维面料吸湿性能、透气性能优于纯棉织物。该纤维与棉、涤混纺、交织加工整理后的织物，具有丝绸般的光泽，悬垂性好，手感柔软、滑爽，有极好的尺寸稳定性和耐穿性，是制作高档服装、流行时装的首选面料。

F．竹纤维（Bamboo）。竹纤维是我国自行开发研制并产业化的新型再生纤维素纤维，从天然的竹子中提取出的一种纤维素纤维，可以在瞬间吸收和蒸发水分，故被专家们誉为"会呼吸的纤维"，用这种纤维纺织成的面料具有吸湿性强、透气性好、有清凉感、有较强的耐磨性和良好的染色性能，同时又具有天然抗菌、抑菌、除螨、防臭和抗紫外线功能。

（2）合成纤维类。

A．聚酯纤维（Polyester）。缩写为PET，俗称涤纶（Terylene），是广泛用于服装面料的一种合成纤维。涤纶面料具有悬垂挺括、滑爽舒适、色彩鲜艳、不易褪色的优点。缺点是不透气、不吸汗、易产生静电。涤纶服装洗涤保养简单，机洗、手洗均可。遇热易变形，所以熨烫时温度不能过高，中温熨烫。

B．聚丙烯腈纤维（Acrylic）。又称亚克力，俗称腈纶、人造毛。聚丙烯腈纤维（Polyacrylonitrile）的性能极似羊毛，弹性较好，具有柔软、保暖、强力好的优点，但透气性差。

C．聚酰胺纤维（Polyamide）。缩写为PA，俗称尼龙（Nylon），也称锦纶，它是化学纤维中染色性能最好的，具有防水防风、耐磨的特点，弹性也很好，但耐热和耐光性较差。我们脚上穿的袜子就常用尼龙这种材料。

D．氨纶（Spandex）。学名聚氨酯纤维（Polyurethane）。缩写为PU，它是一种弹力纤维，弹性好，手感平滑，氨纶用在一般衣服上的比率较小，主要用于为满足舒适性要求需要可以拉伸的服装，如专业运动服、健身服、泳衣、胸罩和吊带、牛仔裤、袜子、内衣等。氨纶可机洗，耐热性差。

E．莱卡（Lycra）。是前杜邦全资子公司——英威达的一个商品名，由于杜邦公司在氨纶领域中的垄断地位，莱卡几乎成了所有氨纶纱的代名词。莱卡纤维的弹性非常好，可自由拉长4～7倍。但它一般不单独使用，可与任何其他人造或天然纤维交织使用。它大大改善了织物的手感、悬垂性及折痕恢复能力，提高了各种衣物的舒适感与合身感。莱卡适用范围极广，如泳装、体操服、内衣、定制外套、西服、裙装、裤装、针织衫等。和大多数的氨纶丝不同，莱卡拥有特殊的化学结构，在湿水后处于湿热密封的空间里也不会长霉。目前，只要是采用了莱卡的服装都会挂有一个三角形吊牌，这个吊牌也成为高质量的象征。

F．丙纶（Polypropylene）。缩写为PP，它是以聚丙烯为原料制得的合成纤维，是等规聚丙烯纤维的中国商品名。丙纶纤维具有强度高、耐磨损、耐腐蚀的特点，可以纯纺或与羊毛、棉或黏纤等混纺混织来制作各种衣料。也可以用于各种针织品如织袜、手套、针织衫、针织裤、洗碗布、蚊帐布、纸尿裤等。由丙纶中空纤维制成的絮被，具有质轻、保暖、弹性良好的特点。

G．金属丝（Lurex）。又名卢勒克斯、金银纱，是塑料皮铝线的商标名。添加金属丝的面料具有特殊的金属光泽，是近年来较为流行的新面料。

1.5　校服面料色差标准

面料色差与服装色差是影响校服质量和档次的重要因素之一。在服装生产、销售和使用过程中，人们经常可以看到服装的色差问题，这一问题严重地影响着校服的使用性能，即影响着校服穿着的外在美，因此，如何减少和避免校服的色差问题，一直是摆在服装生产行业面前需要解决的首要问题。校服色差问题的产生原因有很多，但主要原因是面料的色差，所以说，要解决校服的色差问题，必须把校服面料色差与校服色差两者有机地结合起来进行研究，才能从根本上找出内在的根源。

1.5.1　基本概念

色差是纺织品外观质量方面的重要考核项目之一，目前在检验中，一般采用目测评定方法，对照《染色牢度褪色样卡》评定等级。有时也使用测色仪器进行颜色测量，评定其等级，但如果仪器测定与目测评定有差异时，以目测为主。由于检验人员的目光和目测条件不一致，判断结果常发生差异，为此检验人员之间必须经常统一目测标准，要求目测条件标准化。面料的色差主要有：一匹面料中分为左、中、右色差（包括深浅边），前、后色差，正、反面色差；一批面料中分为件内匹与匹色差，件与件色差，不符合色样（包括样本与产品的色差，成交小样与产品的色差）。

校服的色差主要有：一件校服上部位与部位之间的色差，同一部位上下、左右之间的色差；一套校服内件与件之间的色差；一批校服中箱与箱之间的色差，件与件之间的色差。

校服的色差问题主要是由于面料的色差而产生的，如果面料的色差问题较少，生产出来的校服色差问题也就少，反之，则相反。但是有些面料色差问题可以在校服生产过程中被克服或者降低其色差严重程度，有些面料色差问题是很难克服的，只能不把这些面料投入生产，因此，面料色差问题与校服色差问题之间的关系不是简单的因果关系，而是较为复杂的内在关系，值得进一步深入研究。

1.5.2 面料色差与校服色差问题的现状

用国内面料生产的校服，大部分质量问题是由于面料质量问题引起的，对校服质量问题有"三分缝制，七分面料"的说法，确实有其深刻的道理，而面料的质量问题中大部分是色差问题，可以说，色差问题是我国当前校服行业面临的主要问题。

为了合理利用面料，节约资金和降低成本，不耽误校服生产进度，在某些情况下，生产企业可以通过科学的方法加以克服色差问题，比如生产企业可以采用对校服面料进行分类管理的办法，以消除一些可以避免的色差问题。实施分类管理办法，首先必须建立科学的生产工艺和质量检验监督管理制度；其次是实施对校服面料的批次检验，并做好检验原始记录，把不同色差程度的面料加以归类；最后结合校服的档次、款式和生产工艺特点，并依据检验标准的要求，对面料加以合理的归类，在生产过程中也要严格按分类管理的办法执行，加强各道工序的质量检验，杜绝一些不应有的色差问题产生。

校服的有些色差是由于企业的生产工艺质量管理混乱而引起的，对这一问题，可以通过严格质量管理来解决。第一，校服生产企业要加强各道工序中的色差质量管理，从原材料到成品实施道道把关，消除同件服装内色差的隐患，比如对进来的面料先检验匹条和缸号；第二，加强校服成品的分类，严格按检验标准要求对不同色差的服装进行分类，以保证同箱内的服装色差和箱与箱之间色差控制在标准规定范围内。

1.5.3 中华人民共和国国家标准纺织品色牢度试验

耐干热（热压除外）色牢度标准是根据ISO 105—P01：1993《纺织品　色牢度试验P01部分：耐干热（热压除外）色牢度》对 GB 5718—85进行修订的，修订后的标准等效于ISO 105—P01：1993。

本标准根据GB/T 1.1—1993规定，修改了封面及题头编写格式，采用ISO前言，取消了附加说明，将其内容并入前言中。

本标准对GB 5718—85修改了如下内容：

（1）按ISO 105规定在相应章节内增加了多纤维贴衬织物及其与试样的组合方法。

（2）增加国产仪器的说明附录，取消了国外仪器说明。

（3）长度单位改为mm。

（4）限定了只用3种温度的一种，也限定了30s的时间进行试验。

（5）试验报告要求内容按ISO增加对使用标准编号说明、试样规格说明和多纤维贴衬织物使用的说明。

本标准从实施之日起，代替GB 5718—85。

本标准由中国纺织总会（现中国纺织工业联合会）提出。

本标准由中国纺织总会标准化研究所归口。

本标准起草单位：中国纺织总会标准化研究所、上海纺织标准计量研究所、上海毛麻纺织科学技术研究所。

本标准主要起草人：李鸣、李心萍、胡芳、齐亚民、徐介寿。

本标准于1985年首次发布。

本标准委托中国纺织总会标准化研究所负责解释。

ISO前言：

ISO（国际标准化组织）是各国标准组织的国际联盟（ISO成员）。国际标准的准备工作通常由ISO技术委员会完成。各成员对技术委员会已建立的项目感兴趣，则有权参加该委员会。官方与非官方的国际组织，与ISO取得联系，也可参与工作。ISO在电工技术标准化的一切事项中均与国际电工委员会（IEC）取得紧密联系。

技术委员会采纳的国际标准草案由成员传递投票，75%以上赞成方作为国际标准发布。

国际标准ISO 105-P01是由ISO/TC38/SCl纺织品技术委员会有色纺织品及染料试验分委员会制定的。

本第2版对第1版作了技术修订，取消和代替了第1版（ISO 105-1978）。

ISO 105已发行了13个"部分"，每部分由一个字母代表（如"A部分"），出版年份在1978～1985年。每一部分包括一系列的"篇"，用相应字母及两位数字代表（如"A01篇"）。这些"篇"现称"部分"，以单行本出版，但保留了原来的字母和数字，在ISO 105-A01中有完整目录表。

1.5.4　纺织品色牢度试验　耐干热（热压除外）色牢度国家标准

GB/T 5718—1997

eqv ISO 105-P01：1993

代替GB 5718—85

（1）范围：

A．本标准规定了一种方法，即以测定各类用于尺寸及形状稳定的纺织品的颜色耐干热（热压除外）能力。

B．本方法提供三种不同温度的试验，根据需要和纤维的稳定性，可采用一种或几种温度。

C．本方法不作为评定染色或防皱工艺的变色用。

（2）引用标准：

下列标准所包含的条文，通过在本标准中引用而构成为本标准的条文。本标准出版时，所示版本均为有效。所有标准都会被修订，使用本标准的各方应探讨使用下列标准最新版本的可能性。

GB 250—1995 评定变色用灰色样卡（idt ISO 105-A02：1993）

GB 251—1995 评定沾色用灰色样卡（idt ISO 105-A03：1993）

GB/T 6151—1997 纺织品 色牢度试验 试验通则（eqv ISO 105-A01：1994）

GB 6529—86 纺织品调湿和试验用标准大气

GB 7564～7568—87 纺织品色牢度试验用标准贴衬织物规格（neq ISO 105-F：1985）

GB 11404—89 纺织品 色牢度试验 多纤维贴衬织物规格（neq ISO 105-FIO：1989）

（3）原理：

纺织晶试样与一块或两块规定的贴衬织物相贴，紧密接触一个加热至所需温度的中间体而受热。用灰色样卡评定试样的变色和贴衬织物的沾色。

1.5.5 设备和材料

（1）加热装置，由精确控制电加热系统的两块金属加热板组成，可使组合试样平坦地放置，在选定均匀的温度下受压4kPa±1kPa（见本章附录）。

（2）贴衬织物（按GB/T 6151—1997，1.8.4），按1.4.2，任选其一。

（3）一块符合于GB 11404的多纤维贴衬织物。

（4）一块符合于GB 7564～7568相应章节的单纤维贴衬织物。每块尺寸要适合加热装置1.4.1的要第一块由试样同类纤维制成，如试样为混纺品，则由其中主要的纤维制成；第二块由聚酯纤维制成。另作规定。

（5）如需要，用一块染不上色的织物。

（6）评定变色用灰色样卡，符合于GB 250—1995；评定沾色用灰色样卡，符合于GB 251—1995。

1.5.6 试样

（1）如样品是织物，按下述方法之一制备试样：

A．取适合于加热装置1.4.1尺寸的试样一块，正面与一块同尺寸的多纤维贴衬织物1.4.2相接触，沿一短边缝合，形成一个组合试样。

B．取适合于加热装置尺寸的试样一块，夹于两块同尺寸单纤维贴衬织物1.4.2之间，沿一短边缝合，形成一个组合试样。

（2）如样品是纱线或散纤维，取其量约等于贴衬织物总质量之半，按下述方法之一准备试样：

A．放于一块适合于加热装置尺寸的多纤维贴衬织物和一块同尺寸染不上色的织物（1.4.3）之间，沿四边缝合（按GB/T 6151—1997，9.3.3.4），形成一个组合试样。

B.夹于两块适合于加热装置尺寸的单纤维贴衬织物之间，沿四边缝合，形成一个组合试样。

1.5.7 操作程序

（1）将组合试样放于加热装置（1.4.1）中，按下列温度之一处理30s。

150℃±2℃

180℃±2℃

210℃±2℃

如需要，亦可使用其他温度，试验报告中应注明。试样所受压力必须达到4kPa±1kPa。

（2）取出组合试样，在GB 6529规定的温带标准大气中放置4h；即温度20℃±2℃，相对湿度（65±2）%。

（3）用灰色样卡（1.4.4）评定试样的变色，以及对照未放试样而作同样处理的贴衬织物（1.4.2），评定贴织物的沾色。

（4）试验报告应包括以下部分：

A. 本标准编号，即：GB/T 5718—1997。

B. 试样所需的具体规格。

C. 所用试验温度（按1.6.1）。

D. 试样变色级数（按1.6.3）。

E. 如用单纤维贴衬织物，报告每种使用单纤维贴衬织物的沾色级数。

F. 如用多纤维贴衬织物，报告多纤维贴衬织物型号及其中每种纤维的沾色级数。

1.6　儿童服装标准

随着我国改革开放步伐加大，我国儿童服装产业发展迅猛，国内市场环境已悄然改变，童装的产业环境也在改善，目前我国童装产业正面临着全面的产业升级。

2006年是中国童装行业转变经营模式、实现整体升级的重要年份，审视目前童装行业发展现状，提升行业核心竞争力，改进行业弊端是尤为重要的。从宏观层面和微观角度来讲，童装产业即将迎来发展的"盛世"，品牌是产品竞争的核心内容，品牌的基础是产品质量和服务质量。了解和掌握相应国家标准，是企业提高产品质量的重要保障之一。

1.6.1　童装产品依据标准考核指标

童装产品质量按GB 18401—2003强制性国家标准和产品所执行的标准进行综合考核。

（1）GB 18401—2003《国家纺织产品基本安全技术规范》强制性国家标准是为了保证纺织产品对人体健康无害而提出的最基本的要求，考核5个指标、9项内容，甲醛、pH值、色牢度（耐水、耐汗渍、耐摩擦、耐唾液）、异味、可分解芳香胺染料。标准中将产品分为3类：

A类：婴幼儿用品，甲醛含量≤20mg/kg；B类：直接接触皮肤的产品，甲醛含量≤75mg/kg；C类：非直接接触皮肤的产品，甲醛含量≤300mg/kg。

A类和B类产品pH值允许在4.0～7.5范围，C类产品pH值允许在4.0～9.0范围。

A类婴幼儿用品，耐水、耐汗渍色牢度要求≥3～4级，耐干摩擦、耐唾液色牢度要求≥4级；B类和C类产品耐水、耐汗渍、耐干摩擦色牢度都要求≥3级。3类产品均要求无异味，禁止使用在还原条件下分解出芳香胺染料的面料。

（2）童装产品一般选用机织面料和针织面料，成品根据面料性能选择相应的标准，因为面料不同标准考核的指标内容不同。

例如：机织面料童装产品，主要按FZ/T 81003—2003《儿童服装、学生服》标准考核（除GB 18401—2003标准考核的内容外），产品标准中考核服装标识、外观缝制质量、耐洗色牢度、耐湿摩擦色牢度、耐干洗色牢度、耐光色牢度、成品主要部位缩水率、起毛起球、纤维含量等指标。

针织类童装产品，主要按FZ/T 73008—2002《针织T恤衫》、FZ/T 73020《针织休闲服装》、GB/T 8878—2002《棉针织内衣》等标准考核，除按GB 18401—2003标准考核外，产品标准中考核标识、外观质量、耐光、汗复合色牢度、耐洗色牢度、耐湿摩擦色牢度、水洗尺寸变化率、水洗后扭曲率、弹子顶破强力、起球、纤维含量等指标。

1.6.2 童装强制性国家标准

中国国家质检总局、国家标准委26日发布强制性国家标准GB 31701—2015《婴幼儿及儿童纺织产品安全技术规范》。此为中国第一个专门针对婴幼儿及儿童纺织产品（童装）的强制性国家标准。该标准将于2016年6月1日正式实施。

记者从国家质检总局当日举行的新闻发布会上了解到，鉴于婴幼儿和儿童群体的特殊性，该标准在原有纺织安全标准的基础上，进一步提高了婴幼儿及儿童纺织产品的各项安全要求，安全要求全面升级。

在化学安全要求方面，标准增加了6种增塑剂和铅、镉两种重金属的限量要求。在机械安全方面，标准对童装头颈、肩部、腰部等不同部位绳带做出详细规定，要求婴幼儿及7岁以下儿童服装头颈部不允许存在任何绳带；同时，标准对纺织附件也做出了规定，要求附件应具有一定的抗拉强力，且不应存在锐利尖端和边缘。另外，该标准还增加了燃烧性能要求。

依据年龄不同，该标准将童装分为两类，适用于年龄在36个月及以下的婴幼儿穿着的为婴幼儿纺织产品，适用于3岁以上，14岁及以下的儿童穿着的为儿童纺织产品。

按安全要求的不同，标准将童装安全技术类别分为A、B、C三类，A类最佳，B类次之，C类是基本要求。且要求婴幼儿纺织产品应符合A类要求，直接接触皮肤的儿童纺织产品至少应符合B类要求，非直接接触皮肤的儿童纺织产品至少应符合C类要求。

该标准同时要求童装应在使用说明上标明安全类别，婴幼儿纺织产品还应加注"婴幼儿用品"。

1.7 纺织品服装标志

1.7.1 纺织品的表示标志

GB 5296.4—1998《纺织品消费者使用说明》标准和GB 18401—2003《国家纺织品产品基本安全技术规范》，其中两项（第6、7条）可以不标注，其余9项内容必须标注。

（1）吊牌内容：产品名称、安全类别、执行标准、号型规格、质量等级、纤维含量、出厂检验、生产企业名称、地址、电话。

（2）耐久性标签：号型规格、成分含量、洗涤方法。

（3）制造者的名称和地址：应标明服装制造者依法登记注册的名称和地址。

（4）产品名称：产品名称应表明产品的真实属性，应使用不会引起消费者误解和混淆的常用名称或者俗名。

（5）产品号型和规格：号型或规格标注应符合有关国家标准、行业标准的规定。服装一般按照GB/T 1335或GB/T 6411执行。

A．号型定义：号指人体的身高，型指人体的胸围、腰围，体型指胸围与腰围的差数（表1-1）。

B．号型规格：身高以5cm分档（婴儿为7cm，80～130cm儿童为10cm）；胸围以4cm分档组成系列；腰围以4cm或2cm分档（婴儿、儿童以3cm分档）。身高与胸围搭配组成5.4号型系列（婴儿、儿童为7.4号型、10.4号型系列）；身高与腰围搭配组成5.4号型或5.2号型系列（婴儿、儿童为7.3、10.3号型系列）。

C．上装：165/88A

　　　　165—人体身高

　　　　88—人体胸围

　　　　A—体型分类代号（表1-1）

表1-1　体型分类表　　　　　　　　　　　　　　　　　单位：cm

体型代号	胸围和腰围的差数	
	男	女
Y	17～22	19～24
A	12～16	14～18
B	7～11	9～13
C	2～6	4～8

D．毛型针织品号型规格：羊毛衫、针织艺衫（FZ/T 3008、FZ/T 73018、FZ/T 73010）：上衣只标注胸围，裤子标注4倍横档，裙子标注臀围。

E．棉型针织品号型规格：可以不标体型。

F．儿童服装：不标体型。

G．其他产品按相应的产品标准规定。

（6）采用原料的成分和含量：应标明产品原料的成分及含量。标注应符合FZ/T 01053的规定。

（7）洗涤方法：应按GB/T 8685规定的图形符合表述洗涤方法，同时可加简练文字予以说明。

（8）使用和储藏条件的注意事项：一般可以不标注，但毛纤维产品最好有防蛀储藏的提示。

（9）产品使用期限：一般纺织品可以不标注，特殊功能的产品，如香味纺织品等可以标注使用期限。

（10）产品标准编号：应标明所执行的产品国家标准、行业标准或企业标准的编号。

（11）产品质量等级：应明确规定质量等级。

（12）产品质量检验合格证明：国内生产的合格产品，每单件产品应有产品出厂质量检验合格证明。

（13）纺织品的基本安全技术类别：根据GB 18401—2003《国家纺织产品基本安全技术规范》标准要求，服装上要标注具体的安全类别，衬衫一般属于B类（表1-2）。

表1-2　安全类别

A类	婴幼儿产品
B类	直接接触皮肤类
C类	非直接接触皮肤类

1.7.2　产品的号型规格、原料成分、洗涤方法应该用耐久性标签

耐久性标签（缝在门襟里或摆缝上的，经得起洗涤的）上必须要有号型规格、原料成分、洗涤方法这三项内容。

1.7.3　纺织品服装标志图解（图1-1）

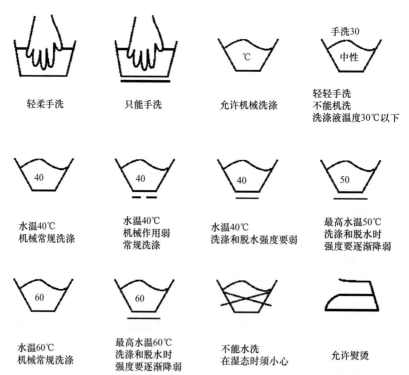

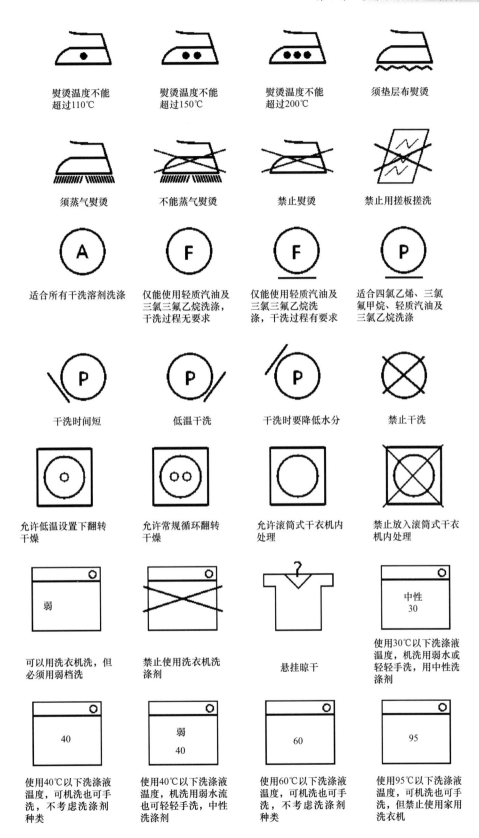

熨烫温度不能
超过110℃

熨烫温度不能
超过150℃

熨烫温度不能
超过200℃

须垫层布熨烫

须蒸气熨烫

不能蒸气熨烫

禁止熨烫

禁止用搓板搓洗

适合所有干洗溶剂洗涤

仅能使用轻质汽油及
三氯三氟乙烷洗涤，
干洗过程无要求

仅能使用轻质汽油及
三氯三氟乙烷洗
涤，干洗过程有要求

适合四氯乙烯、三氯
氟甲烷、轻质汽油及
三氯乙烯洗涤

干洗时间短

低温干洗

干洗时要降低水分

禁止干洗

允许低温设置下翻转
干燥

允许常规循环翻转
干燥

允许滚筒式干衣机内
处理

禁止放入滚筒式干衣
机内处理

弱

可以用洗衣机洗，但
必须用弱档洗

禁止使用洗衣机洗
涤剂

悬挂晾干

中性
30

使用30℃以下洗涤液
温度，机洗用弱水或
轻轻手洗，用中性洗
涤剂

40

使用40℃以下洗涤液
温度，可机洗也可手
洗，不考虑洗涤剂
种类

弱
40

使用40℃以下洗涤液
温度，机洗用弱水流
也可轻轻手洗，中性
洗涤剂

60

使用60℃以下洗涤液
温度，可机洗也可手
洗，不考虑洗涤剂
种类

95

使用95℃以下洗涤液
温度，可机洗也可手
洗，但禁止使用家用
洗衣机

图1-1

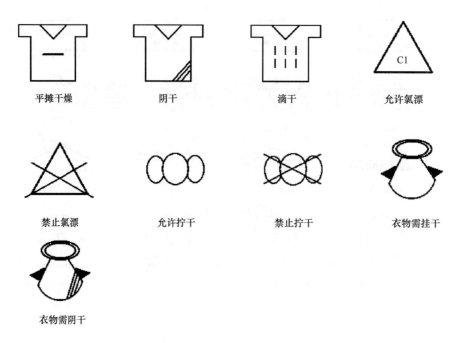

平摊干燥	阴干	滴干	允许氯漂
禁止氯漂	允许拧干	禁止拧干	衣物需挂干
衣物需阴干			

图1-1 纺织品服装标识图解

1.8 服装行业常用标准编号（表1-3）

表1-3 服装行业常用标准编号

标准编号	标准名称
GB/T 1335.1—1997	服装号型 男子
GB/T 1335.2—1997	服装号型 女子
GB/T 1335.3—1997	服装号型 儿童
GB/T 2667—2002	男女衬衫规格
GB/T 2668—2002	男女单服套装规格
GB 5296.4—1998	消费品使用说明 纺织品和服装使用说明
GB/T 8685—1988	纺织品和服装使用说明的图形符号
GB/T 14304—2002	男女毛呢套装规格
GB/T 2664—2666	男女毛呢服装外观疵点样照
GB/T 15557—1995	服装术语
GB/T 16160—1996	服装人体测量的部位与方法
GB/T 17837–1999	服装人体头围测量方法与帽子尺寸代号
FZ/T 80002—2002	服装标志、包装、运输和贮存

标准编号	标准名称
FZ/T 80004—1998	服装成品出厂检验规则
FZ/T 80009—1999	服装制图（GB/T 6676—1986）
GB/T 2660—1999	衬衫
GB/T 2660	衬衫起皱五级样照
GB/T 2660	男女衬衫外观疵点样照
GB/T 2662—1999	棉服装
GB/T 2664—2001	男西服、大衣
GB/T 2665—2001	女西服、大衣
GB/T 2664—1993	男西服外观起皱样照
GB/T 2666—2001	男、女西裤
GB/T 14272—2002	羽绒服装
GB/T 14272—1993	羽绒服装外观疵点及缝纫起皱五级样照
FZ/T 80001—2002	水洗羽毛羽绒试验方法
GB/T 18132—2000	丝绸服装
GB/T 43014—2001	丝绸围巾
FZ/T 81001—1991	睡衣套
FZ/T 81003—2002	儿童服装 学生服
FZ/T 81004—1991	连衣裙、裙套
FZ/T 81006—1992	牛仔服装
FZ/T 81006	牛仔服装 外观疵点样照
FZ/T 81007—1994	男女单服装
FZ/T 81008—1994	夹克衫
FZ/T 81009—1994	人造毛皮服装
FZ/T 81010—2001	风雨衣（原GB/T 11542—1989）
FZ 82002—1992	缝制帽
FZ 82008—1999	缝制帽术语
FZ/T 73002—1991	针织帽
FZ/T 81011—1999	领带
GB/T 4856—1993	针棉织品包装
GB/T 6411—1997	棉针织内衣规格尺寸系列
FZ/T 73017—2000	针织睡衣

标准编号	标准名称
GB/T 8878—1997	棉针织内衣
FZ/T 73005—1991	精梳轻薄型毛针织品
FZ/T 73006—1995	腈纶针织内衣
FZ/T 73007—1997	针织运动服
FZ/T 73008—1997	针织T恤衫
FZ/T 73009—1997	羊绒针织品
FZ/T 73010—1998	针织工艺衫
FZ/T 73011—1998	针织腹带
FZ/T 73012—1998	文胸
FZ/T 73013—1998	针织泳装
FZ/T 73014—1999	粗梳牦牛绒针织品
FZ/T 73015—1999	亚麻针织品
SN/T 0068—1992	出口裘皮服装检验规程
SN/T 0069—1992	出口革皮服装检验规程
SN/T 0252—1993	出口砂洗真丝服装检验规程
SN/T 0452—1995	出口针织外衣检验规程
SN/T 0454—1995	出口针织内衣检验规程
SN/T 0553—1996	出口服装检验抽样方法
SN/T 0554—1996	出口服装包装检验规程
SN/T 0555—1996	出口西服大衣检验规程
SN/T 0556—1996	出口衬衫检验规程
SN/T 0557—1996	出口便服检验规程
SN/T 0558—1996	出口牛仔服装检验规程
SN/T 0559—1996	出口室内服装检验规程
SN/T 0779—1998	出口免熨烫服装检验规程
SN/T 0780—1998	出口丝类针织服装检验规程
SN/T 0781—1998	出口泳装检验规程
FZ/T 64007—2000	机织树脂衬布
FZ/T 64008—2000	机织热熔黏合衬布
FZ/T 64009—2000	非织造热熔黏合衬布
FZ/T 01074—2000	服装用热熔黏合衬布产品标记及质量标识的规定

续表

标准编号	标准名称
FZ/T 01075—2000	服装衬布外观质量局部性疵点结辫和放尺规定
FZ/T 01076—2000	服装用热熔黏合衬组合试样制作方法
FZ/T 01077—2000	织物氯损强力试验方法
FZ/T 01078—2000	织物吸氯泛黄试验方法
FZ/T 01079—2000	织物烫焦试验方法
FZ/T 01080—2000	树脂整理织物交联程度的测定　染色法
FZ/T 01081—2000	热熔黏合热熔胶涂布量和涂布均匀性的测定
FZ/T 01082—2000	服装用热熔黏合衬布干热尺寸变化的测定
FZ/T 01083—2000	热熔黏合衬布干洗后的外观及尺寸变化的测定
FZ/T 01084—2000	热熔黏合衬布水洗后的外观及尺寸变化的测定
FZ/T 01085—2000	热熔黏合衬布剥离强力测试方法
FZ/T 73001—1998	袜子
FZ/T 73003—1991	精梳毛针织品
FZ/T 73004—1991	粗梳毛针织品
FZ/T 73005—1991	精梳毛型化纤毛针织品

1.9　服装号型国家标准介绍

1.9.1　服装号型国家标准的由来

我国于1981年制定并颁布了第一个有关服装规格设定的"服装号型"国家标准。经过三十多年来的实践及探索，该标准先后于20世纪80年代中后期及20世纪90年代中后期又进行过两次修订，变得更加完善、合理和易操作。实物验证表明：经调整后，服装覆盖面男子达到96.15%，女子达到94.72%，总群体覆盖面为95.46%。现行"服装号型"国家标准是于1997年11月13日发布，1998年6月1日正式实施的，其代号为GB/T 1335.1—1997 ~ GB/T 1335.3—1997（男子、女子、儿童）。

1.9.2　服装号型的含义及表示方法

（1）含义：是批量生产服装时规格设定的依据；也是消费者选购合体服装的标识；同时还是服装质量检验的重要项目之一。

（2）分类：分为男子、女子、儿童三个类别。

（3）表示方法：

A．男子上装：170/88A，表示：号（身高）/型（净胸围）体型分类代号。

B．男子下装：170/74A，表示：号（身高）/型（净腰围）体型分类代号。

C．儿童上装：145/68，表示：号（身高）/型（净胸围）。

D．儿童下装：145/60，表示：号（身高）/型（净腰围）。

注：套装运用时，号与体型分类代号必须一致。净胸围—由腋下围绕胸、背部最丰满处一周，所得尺寸。

净胸围是理论上的产品规格，并不是成品胸围。实际上成品胸围在净胸围的基础上，还包含了一定比例的放松量。净腰围是围腰部最细处量一周所得尺寸。有些服装在号型标志下面再加上该服装的具体尺寸规格。

如在上衣标上74×110，表示衣长74cm、胸围110cm（不是净胸围）。裤子标上100×80，表示裤长100cm、腰围80cm。

（4）男子、女子四种体型分类代号的解释：

Y型：宽肩细腰，属扁圆形体态，胸、腰围之差：男子在22～17cm，女子在24～19cm。

A型：正常，属扁圆形体态，胸、腰围之差：男子在16～12cm，女子在18～14cm。

B型：偏胖，属圆柱形体态，胸、腰围之差：男子在11～7cm，女子在13～9cm。

C型：胖，属圆柱形体态，胸、腰围之差：男子在6～2cm，女子在8～4cm。

注：儿童服装号型无体型之分。

（5）全国各类体型的分布比例近似值（表1-4）。

表1-4　体型分布比例

体型代号	Y	A	B	C	特殊
男	21%	39%	29%	8%	3%
女	15%	44%	34%	6%	1%

1.9.3　服装号型的应用范围

（1）男子：身高在150～185cm；净胸围在72～112cm；净腰围在72～112cm。

（2）女子：身高在145～175cm；净胸围在68～108cm；净腰围在50～102cm。

（3）儿童：身高在52～160cm；净胸围在40～80cm；净腰围在41～69cm。

1.9.4　服装号型的系列划分

（1）男子、女子服装号型。

A．5.4系列：用于男、女成人服装。指身高以5cm分档，胸围、腰围以4cm分档。

B．5.2系列：用于男、女成人服装的下装。指身高以5cm分档，胸围、腰围以2cm分档。

（2）儿童服装号型。

A．7.4与7.3系列：用于身高52～80cm的婴儿。指身高以7cm分档，胸围以4cm分档、腰围以3cm分档。

B．10.4与10.3系列：用于身高80～130cm的儿童。指身高以10cm分档，胸围以4cm分档、腰围以3cm分档。

C. 5.4与5.3系列：用于身高135～155cm女童及身高135～160cm男童。指身高以5cm分档，胸围以4cm分档、腰围以3cm分档。

1.9.5　服装号型男子与女子中间体的确定

（1）作用：是将居中的同一身高作为参照的中心坐标，以它作为出发点，推算出不同体型的净胸围及净腰围中间值，有利于准确、规范的设置各种体型的不同规格。

（2）男子各类体型的中间体（表1-5）

表1-5　男子各类体型的中间体

单位：cm

体型分类代号	Y	A	B	C
中间体号型	170/88	170/88	170/84	170/92
	170/70	170/74	170/92	170/96

（3）女子各类体型的中间体（表1-6）

表1-6　女子各类体型的中间体

单位：cm

体型分类代号	Y	A	B	C
中间体号型	160/84	160/84	160/88	160/88
	160/64	160/68	160/78	160/82

若无与自己号型一致的服装，这时可根据服装特点向上或向下靠档。例如，目前女上装常采用的号型系列为：155/80A、160/84A、165/88A等。若实际号型为163/85A，就必须向160/84A或165/88A靠。

1.10　国标GB/T 31888—2015中小学生校服国家标准

1.10.1　范围

本标准规定了中小学生校服的技术要求、试验方法、检验规则以及包装、储运和标志。

本标准适用于以纺织织物为主要材料生产的、中小学生在学校日常统一穿着的服装及其配饰。其他学生校服可参照执行。

1.10.2　规范性引用文件

下列文件对于本文件的应用是必不可少的。凡是注日期的引用文件，仅注日期的版本适用于本文件。凡是不注日期的引用文件，其最新版本（包括所有的修改单）适用于本文件。

GB/T 250　纺织品　色牢度试验　评定变色用灰色样卡

GB/T 1335　服装号型（所有部分）

CB/T 2910　纺织品　定量化学分析（所有部分）

GB/T 2912.1　纺织品　甲醛的测定　第1部分：游离和水解的甲醛（水萃取法）

GB/T 3920　纺织品　色牢度试验　耐摩擦色牢度

GB/T 3921—2008　纺织品　色牢度试验　耐皂洗色牢度

GB/T 3922　纺织品　色牢度试验　耐汗渍色牢度

GB/T 3923.1　纺织品　织物拉伸性能　第1部分：断裂强力和断裂伸长率的测定（条样法）

GB/T 4802.1—2008　纺织品　织物起毛起球性能的测定　第1部分：圆轨迹法

GB/T 4802.3　纺织品　织物起毛起球性能的测定　第3部分：起球箱法

GB 52964　消费品使用说明　第4部分：纺织品和服装

CB/T 5713　纺织品　色牢度试验　耐水色牢度

GB/T 6411　针织内衣规格尺寸系列

GB/T 7573　纺织品　水萃取液pH值的测定

GB/T 7742.1　纺织品　织物胀破性能　第1部分：胀破强力和胀破扩张度的测定　液压法

GB/T 8427—2008　纺织品　色牢度试验　耐人造光色牢度：氙弧

GB/T 8628　纺织品　测定尺寸变化的试验中织物试样和服装的准备、标记及测量

GB/T 8629—2001　纺织品　试验用家庭洗涤和干燥程序

GB/T 8630　纺织品　洗涤和干燥后尺寸变化的测定

GB/T 13772.2　纺织品　机织物接缝处纱线抗滑移的测定　第2部分：定负荷法

GB/T 13773.1　纺织品　织物及其制品的接缝拉伸性能　第1部分：条样法接缝强力的测定

GB/T 14272　羽绒服装

GB/T 14576　纺织品　色牢度试验　耐光、汗复合色牢度

GB/T 14644　纺织品　燃烧性能　45°方向燃烧速率的测定

GB/T 17592　纺织品　禁用偶氮染料的测定

GB 18383　絮用纤维制品通用技术要求

GB 18401　国家纺织产品基本安全技术规范

GB/T 19976　纺织品　顶破强力的测定　钢球法

GB/T 23319.3　纺织品　洗涤后扭斜的测定　第3部分：机织服装和针织服装

GB/T 23344　纺织品　4-氨基偶氮苯的测定

GB/T 24121　纺织制品　断针类残留物的检测方法

GB/T 28468　中小学生交通安全反光校服

GB/T 29862　纺织品　纤维含量的标识

GB 31701　婴幼儿及儿童纺织产品安全技术规范

GB/T 31702　纺织制品附件锐利性试验方法

1.10.3　术语和定义

下列术语和定义适用于本文件

（1）校服（School Uniforms）：学生在学校日常统一穿着的服装，穿着时形成学校的着装标志。

（2）配饰（Accessories）：与校服搭配的小件纺织产品，例如领带、领结和领花等。

1.10.4　要求

（1）号型：校服号型的设置应按GB/T 1335或GB/T 6411规定执行，超出标准范围的号型按标准规定的分档数值扩展。

（2）安全与内在质量要求：一般安全与内在质量要求应符合表1–7的规定。

表1–7　安全与内在质量要求

项　目		要　求
纤维含量		符合GB/T 29862要求
甲醛含量		符合GB 18401的B类要求
可分解致癌芳香胺染料		
pH值		
异味		
燃烧性能		按GB 31701执行
附件锐利性		
绳带		
残留金属针		
染色牢度/级　≥	耐水（变色、沾色）	3～4
	耐汗渍（变色、沾色）	3～4
	耐摩擦（干摩）	3～4
	耐摩擦（湿摩）	3
	耐皂洗（变色、沾色）	3～4
	耐光汗复合 a	3～4
	耐光 b	4
起球 b /级　　　　　　　≥		3～4
顶破强力（针织类）b /N　　≥		250
断裂强力（机织类）b /N　　≥		200
胀破强力（毛针织类）b /kPa　≥		245

续表

项　目		要　求
接缝强力/N　　　　≥	面料	140
	里料	80
接缝处纱线滑移（机织类）/mm　　　　≤		6
水洗尺寸变化率b/%	针织类（长度，宽度）	−4.0 ~ +2.0
	机织类（长度、胸宽）	−2.5 ~ +1.5
	机织类（腰宽、领大）	−1.5 ~ +1.5
	毛针织类（长度、宽度）	−5 ~ +3.0
水洗后扭曲率b/%	上衣、筒裙	5
	裤子	2.5
水洗后外观	绣花和接缝部位处不平整	允许轻微
	面里料缩率不一，不平服	允许轻微
	涂层部位脱落、起泡裂纹	不允许
	覆黏合衬部位起泡、脱胶	不允许
	破洞、缝口脱散	不允许
	附件损坏、明显变色、脱落	不允许
变色		不低于4级
其他严正影响服用的外观变化		不允许
注：轻微是指直观上不明显，目测距离60cm观察时，仔细辨认才可看出的外观变化		
1. 仅考核夏装 2. 仅考核校服的面料 3. 松紧下摆和裤口等产品不考核		

（3）织物纤维成分及含量：

校服直接接触皮肤的部分，其棉纤维含量标称值应不低于35%。

（4）填充物：

防寒校服的填充物应符合GB 18401 B类要求，以及GB 18383或GB/T 14272的要求。

（5）配饰：

配饰应符合GB 18401 B类要求和GB 31701的锐利性要求。领带、领结和领花等宜采用容易解开的方式。

（6）高可视警示性：

如果需要配置高可视警示性标志，应符合GB/T 28468的要求。

1.10.5　外观质量

外观质量应符合表1-8的要求。

表1-8 外观质量要求

项　目		要　求
色差	单件	面料不低于4级，里料不低于3~4级
	套装，同批	不低于3~4级
布面疵点		主要部位不允许，次要部位允许轻微
对称部位互差	<20cm	5mm
	≥20mm	8mm
对条对格（≥10 mm的条格）		主要部位互差不大于3mm，次要部位互差不大于6mm
门里襟		允许轻微的不平直，门里襟长度互差不大于4mm；里襟不可长于门襟
拉链		允许轻微的不平服和不顺直
烫黄、烫焦		不允许
扣、扣眼		锁眼、钉扣封结牢固，眼位距离均匀，互差不大于4mm；扣位与眼位互差不大于3mm
缝线		无漏缝和开线。主要部位不允许有明显的不顺直、不平服、缉明线宽窄不一
绱袖		圆顺，前后基本一致
领子		平服，小反翘，领尖长短或驳头宽窄互差不大于3mm
口袋		袋与袋盖方正、圆顺，前后、高低一致
覆黏合村部位		不允许起泡脱胶和渗胶

注：1. 布面疵点的名称及定义见GB/T 24250和GB/T 24117
　　2. 轻微是指直观上不明显，目测距离60cm观察时，仔细辨认才能看出的外观变化
　　3. 对称部位包括裤长、袖长、裤口宽、袖口宽肩缝长等
　　4. 主要部位指上衣上部2/3，裤子和长裙身中部1/3，短裤和短裙前身下部1/2

（1）试验方法：

A. 纤维含量的测定按GB/T 2910或相关方法执行。

B. 甲醛含量的测定按GB/T 2912.1执行。

C. 可分解致癌芳香胺染料的测定按GB/T 17592及GB/T 23344执行。

D. pH值的测定按GB/T 7573执行。

E. 异味的测定按GB 18401中异味检测方法执行。

F. 燃烧性能的测定按GB/T 14644执行。

G. 附件尖端和边缘的锐利性测定按GB/T 31702执行。

H. 绳带长度采用钢直尺或钢卷尺测定其自然状态下的伸直长度，记录至1mm。

I. 残留金属针的测定按CB/T 24121执行。

J. 耐水色牢度的测定按GB/T 5713执行。

K. 耐汗渍色牢度的测定按GB/T 3922执行。

L. 耐摩擦色牢度的测定按GB/T 3920执行。

M．耐皂洗色牢度的测定按GB/T 3921—2008的试验条件A（1）执行。

N．耐光汗复台色牢度的测定按GB/T 14576执行。

O．耐光色牢度的测定按GB/T 8427—2008的方法3执行。

P．机织类和针织粪校服起球的测定按GB/T 1802.1—2008的方法E执行，毛针织类校服起球的测定按GB/T 4802.3执行，精梳产品翻动14400r，粗梳产品翻动7200r。

Q．顶破强力的测定GB/T 19976执行，钢球直径为38mm。

R．断裂强力的测定按GB/T 3923.1执行。

S．胀破强力的测定按GB/T 7742.1执行，实验面积为7.3cm²。

T．接缝强力的测定按GB/T 13773.1执行，拉伸试验仪间距长度为100mm。以试样断裂强力为试验结果（不论何种破坏原因）。从每件产品各部位各取一个试样，试样长度为200mm。接缝与试样长度垂直并处于试样中部；面里料缝合在一起的取组合试样；裤后档缝在紧靠臀围线下方；后袖窿缝以背宽线与袖窿缝交点为中心。

（2）接缝处纱线滑移的试样准备参照GB/T 13773.1的规定，从每件产品上的各部位各取两个试样，测定程序按GB/T 13772.2执行，分别计算每个部位两个试样的平均值：

A．面料：

后背缝：以背宽线为中心；

袖缝：袖窿缝与袖缝缝交点处向下10cm（两片袖时取后袖缝）；

下档缝：下档缝上三分之一点为中心；

裙缝：以臀围线为中心，或紧靠拉链下方。

B．里料：

后背缝：以背宽线为中心；

裙缝：以臀围线为中心，或紧靠拉链下方。

（3）水洗尺寸变化率的测定按GB/T 8628、GB/T 8629—2001和GB/T 8630执行。机织类校服和针织类校服采用GB/T 8629—2001中5A程序洗涤和悬挂晾干，毛针织类校服采用GB/T 8629—2001中7A程序洗涤（试验总负荷1kg）和烘箱烘燥。测量部位长度为衣长、裤长和裙长，宽度为胸宽、腰宽和横档，领大为立领的领圈长度。

（4）水洗后扭曲率的测定按GB/T 23319.3的侧面标记法（裤子以内侧缝与裤口边，裙子以侧缝与底边）执行。

（5）水洗后外观试验方法：将完成水洗的产品平铺在平滑的台面上，依次观察和记录外观变化。其中，变色按GB/T 250评定。

（6）外观质量一般采用灯光检验，用40W青光或白光灯一支，上而加灯罩，灯罩与检验台面中心垂直距离为80cm±5cm。如果在室内采用自然光，光源射八方向为北向左（或右）上角，不能使阳光直射产品。将产品平放在检验台上，检验人员的视线应正视产品的表面，眼睛与产品间的距离约60cm。

（7）色差的测定按GB/T 250执行。

（8）对称部位尺寸的测量按GB/T 8628执行。

1.10.6　抽样检验规则

A．按同一品种、同一色别的产品作为检验批次。

B．安全要求与内在质量按批随机抽取4个单元样本，其中3个用于检验水洗尺寸变化率、水洗后扭曲率、水洗后外观、接缝强力和接缝处纱线滑移的测定，1个用于其他项目试验（该样本抽取后密封放置，不应进行任何处理）。配饰的取样数量应满足试验需要。

注：接缝强力和接缝处纱线滑移的试样从完成水洗试验后的样本上取样。

C．外观质量的检验抽样方案见表1-9。

表1-9　检验抽样方案　　　　　　　　　　　单位：套或件

批量	样本量	接收数	拒收数
≤15	2	0	1
16～25	3	0	1
26～90	5	0	1
91～150	8	0	1
151～280	13	0	1
281～500	20	1	2
501～1200	32	2	3
≥1201	50	3	4

1.10.7　安全要求与内在质量的判定

（1）所有色牢度检验结果符合表1-7要求的判定该项批产品合格，否则为批不合格。

（2）水洗尺寸变化率以3个样本的平均值作为检验结果，符合表1-7要求的判定该项批产品合格，否则为批不合格。若3个样本中存在收缩与倒涨时，以收缩（或倒涨）的两个样本的平均值作为检验结果。

（3）水洗后扭曲率以3个样本的平均值作为检验结果，符合表1-7要求的判定该项批产品合格，否则为批不合格。

（4）水洗后外观质量检验，分别对3个样本按表1-7要求进行评定，2个及以上符合表1-7要求时判定该项批产品合格，否则为批不合格。

（5）接缝强力和接缝处纱线滑移以3个样本的平均值作为检验结果，符合表1-7要求的判定该项批产品合格，否则为批不合格。接缝处纱线滑移试验出现织物断裂、滑脱、缝线断裂的现象，判定为不合格。

（6）除1.6.2外，其他项目检验结果符合表1-7以及1.4.2要求的判定这些项目的批产品合格，否则为批不合格。

1.10.8　外观质量的判定

按表1-8对批样的每个样本进行外观质量评定，符合表1-8要求的为外观质量合格，否则为不合格。如果外观质量不合格样本数不超过表1-9的接收数，则该批产品外观质量合格。如果不合格样本数达到了表1-9的拒收数，则该批产品不合格。

1.10.9　结果判定

按1.6.2和1.6.3判定均为合格，则该批产品合格。

1.10.10　包装、储运和标志

（1）产品按件（或套）包装，每箱件数（或套数）根据协议或合同规定。

（2）应保证在储运中包装不破损，产品不沾污、不受潮。包装中不应使用金属针等锐利物。

（3）产品应存放在阴凉、通风、干燥的库房内，注意防蛀、防霉。

（4）每个包装单元应附使用说明，使用说明应符合GB 5296.4的要求，至少包含下列内容：

A．服装号型、配饰规格（产品主体的最大标称尺寸，单位：cm）；

B．纤维成分及含量；

C．维护方法；

D．产品名称：

E．本标准编号；

F．安全技术要求类别；

G．制造商名称和地址；

H．如果需要，产品的储存方法。

其中，每件校服上应有包括A～C项内容的耐久性标签，并放在侧缝处，不允许在衣领处缝制任何标签。D～H项内容应采用吊牌、资料或包装袋等形式提供。

1.11　服装安全检测标准

1.11.1　GB 18401—2010全套定义

GB 18401—2010指国家纺织产品基本安全技术规范。本标准的全部技术内容为强制性。本标准代替GB 18401—2003《国家纺织产品基本安全技术规范》。

1.11.2　GB 18401—2010全套标准范围

本技术规范规定了纺织产品的基本安全技术要求、试验方法、检验规则及实施与监督。纺织产品的其他要求按有关标准执行。

本标准适用于在我国境内生产、销售和使用的服用和装饰用纺织产品。出口产品可依据合同的约定执行。

注：附录A中所列举产品不属于本技术规范的范畴，供需双方另有协议或国家另有规定的除外。

1.11.3　GB 18401—2010全套标准引用文件

下列文件中的条款通过技术规范的引用而成为本技术规范的条款。凡是注日期的引用文件，其随后所有的修改单（不包括勘误的内容）或修订版均不适用于本标准，然而，鼓励根据本技术规范达成协议的各方研究是否可使用这些文件的最新版本。凡是不注日期的引用文件，其最新版本适用于本技术规范。

GB/T 2912.1　纺织品　甲醛的测定　第1部分：游离水解的甲醛（水萃取法）（GB/T 2912.1—2009，ISO 14184.1：1998，MOD）

GB/T 3920　纺织品　色牢度试验　耐摩擦色牢度（GB/T 3920—2008，eqv ISO 105 X12：2001，MOD）

GB/T 3922　纺织品耐汗渍色牢度试验方法（GB/T 3922—1995，eqv ISO 105-E04：1994）

GB/T 5713　纺织品　色牢度试验　耐水色牢度（GB/T 5713—1997，eqv ISO 105-E01：1994）

GB/T 7573　纺织品　水萃取液pH值的测定（GB/T 7573—2009，ISO 3071：2005，MOD）

GB/T 17592　纺织品　禁用偶氮染料的测定

GB/T 18886　纺织品　色牢度试验　耐唾液色牢度

GB/T 23344　纺织品　4-氨基偶氮苯的测定

1.11.4　GB 18401—2010全套分类要求

（1）A类是指婴幼儿用品，适用于24个月或身高80cm及以下婴幼儿所用纺织品和纺织制品。对于婴幼儿和儿童用品界定困难者，又没有明确说明不适用于24个月以下婴幼儿的，一般按A类婴幼儿用品对待，如儿童毛巾。A类产品一般包括：

A. 婴幼儿内衣：如宝宝套装、婴幼儿套装、连体装、婴幼儿背心、肚兜、内衣、袜子。

B. 婴幼儿外衣：如各类外衣、开裆裤、裤子、棉服、斗笠（斗篷）。

C. 婴幼儿床上用品：如床单、床罩、被子、毛巾被、毛毯、绒毯、线毯、枕套、枕巾。

D. 其他婴幼儿用品：尿布、尿裤、尿不湿、围嘴、毛巾、手帕、手套、帽子、布鞋。

（2）B类指直接接触皮肤的产品。B类一般包括：

A. 贴身内衣：指紧贴皮肤穿着的衣服，通常对身体的覆盖面积很小，产品几乎与身体紧密接触。如文胸、胸衣、腹带、紧身衣、胸衣衬裙、内裤、背心、汗衫、连裤袜、睡衣、晨衣、浴衣、泳装等贴身内衣。

B. 中衣：穿在贴身内衣外面，通常外面还要有外衣，或者只在家穿着的衣物，穿着中其绝大部分是贴近皮肤。如棉毛衫裤、衬衫、女罩衫、衬裤、羊绒衫、毛针织内衣、线衣、保暖内衣、短衬裙、晚礼服、家庭便服等。

C. 可外用中衣：穿在贴身内衣外面，通常外面可以不必再套穿外衣，有的也可以套穿一件外衣，穿着中其绝大部分是贴近皮肤的。如T恤衫、针织工艺衫、衬衫、女罩衫、连衣裙、旗袍、和服、沙滩装、休闲装、背心裙、连衣裤、背带裤、舞蹈服、体操服、田径运动服、球类运动服、比赛服等。

D. 单外衣（可不套外衣）：套穿在中衣外面，可作一般外衣，很多情况下是直接套穿在内衣外面，其绝大部分也是贴近皮肤的，没有声明服装类别的单服装，均按此类。如短裤、西裤、便裤（除粗纺呢绒）、休闲裤、西服裙、长裙、短裙、套裙、裙裤、休闲服装、免烫服装、牛仔服装、单服装、单便服、中式罩衫、运动装等。

E. 家用纺织品：直接或可能接触皮肤使用的用品。如纱巾、围巾、脖套、手帕、头巾、浴巾、地巾、浴帘、沙滩巾、餐巾、沙发（椅）套等、床单、床笠、纺织凉席、兼作床单的床罩（单）、被子、绗缝被、毛巾被、毛毯、线毯、绒毯、被套、枕套等。

F. 其他制品：如擦脸巾、袜子、手套、帽子、护套（护肩、护肘、护腕、护腰、护膝、护腿等）、成人尿不湿、失禁垫布、鞋垫、品罩、护耳套等。

（3）C类：非直接接触皮肤的产品。C类一般包括：

A. 中衣：必须穿在其他内衣或中衣外面。

B. 外衣：不直接接触皮肤，穿在其他中衣或外衣外面。

C. 家用及其他纺织制品：床罩（多层复合）、被芯、围裙、地毯等。

1.11.5 GB 18401—2010全套测试项目及技术要求

（1）纺织产品的基本安全技术要求见表1-10。

表1-10 纺织产品的基本安全技术要求

项目		A类	B类	C类
甲醛含量/（mg/kg）		20	75	300
pH值（a）		4.0~7.5	4.0~8.5	4.0~9.0
染色牢度（b）/级	耐水（变色、沾色）	3~4	3	3
	耐酸汗渍（变色、沾色）	3~4	3	3
	耐碱汗渍（变色、沾色）	3~4	3	3
	耐干摩擦	4	3	3
	耐唾液（变色、沾色）	4	—	—
异味		无		
可分解致癌芳香胺染（c）（mg/kg）		禁用		

1. 后续加工工艺中必须要经过湿处理的非最终产品，pH值可放宽大至4.0~10.5

2. 对需经洗涤褪色工艺的非最终产品、本色及漂白产品不要求；扎染等传统的手工着色产品不要求；耐唾液色牢度仅考核婴幼儿纺织产品

3. 致癌芳香胺清单见附录C，限量值 ≤20mg/kg

（2）婴幼儿用品应符合A类产品的技术要求，直接接触皮肤的产品至少应符合B类产品的技术要求，非直接接触皮肤的产品至少应符合C类产品的技术要求，其中窗帘等悬挂类装饰产品不考核耐汗渍色牢度。

（3）婴幼儿用品必须在使用说明上标明"婴幼儿用品"字样。其他产品应在使用说明上标明所符合的安全技术要求类别（如A类、B类或C类）。产品按件标注类别。

注：一般适于身高100cm及以下婴幼儿使用的产品可作为婴幼儿纺织产品。

1.11.6　GB 18401—2010全套项目试验方法

（1）甲醛含量的测定按GB/T 2912.1执行。

（2）pH值的测定按GB/T 7573执行。

（3）耐水色牢度的测定按GB/T 5713执行。

（4）耐酸碱汗渍色牢度的测定按GB/T 3922执行。

（5）耐干摩擦色牢度的测定按GB/T 3920执行。

（6）耐唾液色牢度的测定按照GB/T 18886执行。

（7）异味的检测采用嗅觉法，操作者应是经过训练和考核的专业人员。

样品开封后，立即进行该项目的检测。检测应在洁净的无异常气味的环境中进行。操作者洗净双手后戴手套，双手拿起试样靠近鼻腔，仔细嗅闻试样所带有的气味，如检测出有霉味、高沸程石油味（如气油、煤油味）、鱼腥味、芳香烃气味中的一种或几种，则判为"有异味"，并记录异味类别。否则判为"无异味"。

检测应有2人独立评判，并以2人一致的结果为样品检测结果。如2人检测结果不一致，则增加1人检测，最终以2人一致的结果为样品检测结果。

（8）可分解芳香胺染料按GB/T 17592和GB/T 23344执行。

注：一般先按GB/T 17592检测，当检出苯胺或1，4苯二胺时，再按GB/T 23344检测。

第2章 校服相关设计标准

2.1 范围

本标准规定了中小学生校服设计的相关要求、检验规则以及商标设计要求。

本标准适用于纺织织物为主要材料生产的中小学生在学校日常统一穿着的服装及配饰。其他学生校服可参照执行。

2.2 规范性引用文件

下列文件对于本文件的应用是必不可少的。其最新版本（包括所有的修改单）适用于本文件。

EN 14682　2014 童装绳索和拉带安全要求

GB/T 28468　中小学生交通安全反光校服

GB 31701　婴幼儿及儿童纺织产品安全技术规范

GB/T 31702　纺织制品附件锐利性试验方法

GB 31701　配饰锐利性要求

GB/T 1335、GB/T 6411　服装号型标准

GB 18401　B类配饰要求

GB/T 22705—2008　童装绳索和拉带安全要求

2.3 术语和定义

（1）头、颈部和胸部以上区域（Head，Neck and Upper Chest Area）：整个头、颈部和喉咙、从肩膀到腋窝（叶腋）以上不包括手臂称为前胸部以上，如图2-1中区域A所示。

（2）胸腰部（Chest and waist area）：两腋窝前点水平线至会阴点水平位置之间的区域，如图2-1中区域B所示。

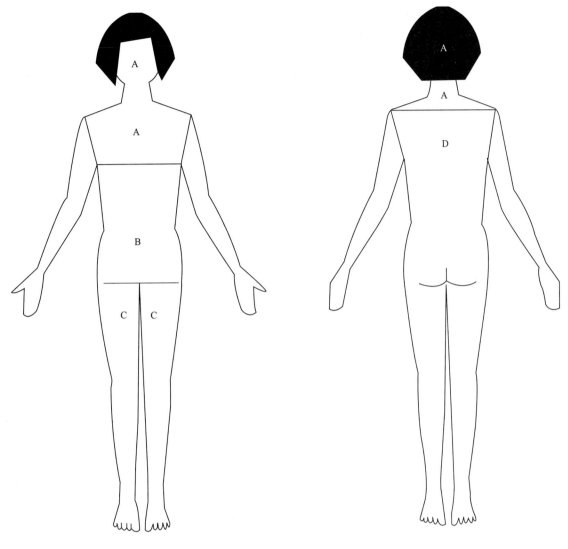

图2-1　人体

（3）臀部以下（Below Hip Area）：会阴点水平位置以下的区域，如图2-1中区域C所示。

（4）背部（Back Area）：人体躯干和腿的后部，不包括头和颈部，如图2-1中区域D所示。

（5）短袖（Short Sleeve）：袖子的最终设计是在肘部或以上的。

（6）长袖（Long Sleeve）：袖子的最终设计是在肘部以下的。

2.4　要求

2.4.1　号型

校服号型的设置应按GB/T 1335—2015或GB/T 6411规定执行，超出标准范围的号型按标准规定的分档数值扩展。

2.4.2 配饰

配饰应符合GB 18401的B类要求和GB 31701的锐利性要求。领带、领结、领花等宜采用容易解开的方式。学生装绳索和拉带设计安全要求可参EN 14682。

（1）拉带自由端，功能性绳索和腰带末端不允许打结或使用立体装饰物，防止其磨损散开，如热割或滚边，在不引起套环危险的前提下宜采用重叠或折叠的方法。打结或立体装饰物不允许有自由端。

（2）套环只能用于无自由端的拉带和装饰性绳索（附图2-6、附图2-13）。

（3）在两出口点中间处应固定拉带，可运用套结等方法。某些允许用抽绳的部位，抽绳应确保固定牢，如至少在与出口处距离相等的一处加套结（附图2-9）。

（4）服装上固定的突出的襻带，扣紧时的周长不超过7.5cm。平贴的带襻（腰带环）从两端固定点量起，长度不超过7.5cm（附图2-9）。

备注： 在服装内部的功能性吊襻及其他带襻，当风险评估显示它们对穿着者无危险时允许。

（5）拉链头包括任何装饰性的其从拉链滑锁量起长度不超过7.5cm。

（6）长至脚踝的服装上拉链头或装饰物不低于服装底边（附图2-10）。

2.4.3 幼童服装的头、颈部和胸部以上区域（图2-1区域A）

（1）幼童服装的头、颈部和胸部以上区域不得设计、生产或使用拉带、功能性绳索。

（2）装饰性绳索不允许用于帽子或颈部后面。

（3）在头、颈部和胸部以上区域以外的其他部位，装饰性绳索的自由端不超过7.5cm，不允许使用围绕喉咙打结的固定结头、套环或立体装饰物。装饰性绳索不能由弹性绳索制成。

备注：弹性绳索存在危险，它们可能会"咬住"背面和正面或颈部造成伤害。弹力肩带和三角背心颈部系带合身地贴住身体不会造成相同的风险。

（4）允许使用长度不超过7.5cm和自由端上不含有纽扣、套环、带扣的可调节搭襻。

（5）当穿着时肩带的结构应没有超出服装的自由端。肩带应永久地固定在服装前后片，或者肩带的自由端在服装的内部通过纽扣、按钮来调节长度。假如当服装穿着时绳索不会产生自由端，使用夹子或扣紧两绳索的装置是可接受的。用扣环和滑动装置来调节肩带长度的，当穿着时肩带包括带襻应平贴在身体上。

备注：使用这些机制后带襻长度将是可变的。不适用于平贴的带襻的要求，因为当穿着时带襻是平贴在身体上的。肩带上装饰性绳索自由端不超过75mm。固定带襻周长不超过7.5cm（附图2-11）。

（6）三角背心的颈部系带在风帽和颈部和喉咙区域应无自由端（附图2-12）。当服装穿着时绳索不会产生自由端，使用夹子或扣紧两绳索的装置是可接受的。用扣环和滑动装置来调节三角背心系带长度的，当穿着时系带包括带襻应平贴在身体上。

备注：使用这些机制后带襻长度将是可变的。不适用于平贴的带襻的要求，因为当穿着时带襻是平贴在身体上的。

2.4.4　大童和青少年服装的头、颈部和胸部以上区域（图2-1区域A）

（1）拉带不允许有自由端，当服装放平摊开至最大宽度时，不应有突出的带襻。当服装打开至最小宽度时（如它的预期合身尺寸），最大限度允许突出的带襻周长是15cm（附图2-13）。

套环用作调节拉带应无自由端，套环应固定在服装上（附图2-6）。

（2）功能绳和可调节搭襻两端长度每边不能超过75mm。功能性绳索不得使用弹性绳索制作。

备注：弹性绳索的危险，它们可能会"咬住"背面和正面或颈部造成伤害。弹力肩带和三角背心颈部系带合身地贴住身体不会造成相同的风险。

（3）装饰绳两端长度每边不能超过7.5cm（包括连接的附件，如绳扣等）。装饰性绳索不得使用弹性绳索制作。

备注：弹性绳索存在危险，它们可能会"咬住"背面和正面或颈部造成伤害，特别是带有套环的弹性绳索。

（4）允许使用长度不超过7.5cm和自由端上不含有纽扣、套环、带扣的可调节搭襻。可调节搭襻不得使用弹性绳索制作。

（5）从系着点量起，肩带自由末端不超过14cm，固定带襻周长不超过7.5cm（附图2-11）。用扣环和滑动装置来调节肩带长度的，当穿着时系带包括带襻应平贴在身体上。

备注：使用这些机制后带襻长度将是可变的。不适用于平贴的带襻的要求，因为当穿着时带襻是平贴在身体上的。

（6）三角背心的颈部系带在颈部和喉咙区域应无自由端（附图2-12）。当服装穿着时绳索不会产生自由端，使用夹子或扣紧两绳索的装置是可接受的。用扣环和滑动装置来调节三角背心的颈部系带长度的，当穿着时系带包括带襻应平贴在身体上。

备注：使用这些机制后带襻长度将是可变的。不适用于平贴的带襻的要求，因为当穿着时带襻是平贴在身体上的。

2.4.5　胸部和腰部区域（图2-1区域B）

（1）除肩带、吊带或袖子外穿着在腰部以下的服装（如裤子、短裤、裙子、三角裤、比基尼式泳裤），不能有：

A．服装在自然松弛状态时，拉带的自由端长度超过20cm（附图2-14）；

B．拉带不允许有自由端，当服装放平摊开至最大宽度时，不应有突出的带襻。套环用作调节拉带应无自由端，套环应固定在服装上（附图2-6）。

C．功能性绳索长度超过20cm；

D．装饰性绳索包括装饰物长度超过14cm。

（2）如衬衫、外套、连衣裙和工装服不能有：

A. 当服装放平摊开至最大宽度时，拉带的自由端长度超过14cm；

B. 拉带不允许有自由端，当服装放平摊开至最大宽度时，不应有突出的带襻。套环用作调节拉带应无自由端，套环应固定在服装上（附图2-6）。

C. 功能性绳索长度超过14cm；

D. 装饰性绳索包括装饰物长度超过14cm。

（3）所有服装腰部区域的可调节搭襻（含附件）长度不能超过14cm。

（4）对于幼童，打结腰带或装饰腰带在背部时从系着点量起不超过36cm，未系时不超出服装底边（附图2-15、附图2-16）。

（5）对于大童和青少年，打结腰带或装饰腰带在背部时从系着点量起不超过360mm（附图2-15、附图2-16）。

（6）对于两个年龄段的服装正面或侧面的打结腰带或装饰腰带，未打结状态时从系着点量起长度不超过36cm（附图2-17）。

2.4.6 臀围线以下的服装下摆（图2-1区域C）

（1）如果衣服下摆超过了臀部，底摆上的拉带、装饰绳、功能绳（包含绳上的绳扣）不能出现在下摆外（附图2-18）。

（2）如果拉带出现在衣服下边缘，当服装收紧时，拉带或绳索必须平放在服装上。

（3）上衣、裤子和裙子（款式到脚踝处）的下摆不能有外露拉带、装饰绳、功能绳，必须全部在衣服内。注：裤子边缘的箍筋是允许的。

（4）可以调节的搭襻长度应不超过14cm，且要位于服装下摆之上，自由端上不含有纽扣、套环、带扣的可调节搭襻（附图2-19）。

2.4.7 背部（图2-1区域D）

（1）童装背部不能露出或系着拉带、功能及装饰性绳索（附图2-7）。

（2）装饰性绳索长度不超过7.5cm，且不得含有绳结、套环或立体装饰物。

（3）可以调节的搭襻长度应不超过7.5cm，且要位于服装下摆之上，自由端上不含有纽扣、套环、带扣。

（4）允许使用打结和装饰腰带（附图2-14、附图2-15）。

2.4.8 袖子

（1）对于长袖款服装，袖口收紧时，袖口的抽绳、装饰绳、功能绳必须全部在衣服内（附图2-20）。

（2）在肘关节以下的长袖上的拉带、功能绳和装饰绳，必须全部在衣服内，且自由端不超过7.5cm。

（3）对于幼童，在肘关节以上的短袖展开平放，袖摆处拉带、绳索不超过7.5cm（附图2-21）。

（4）对于大童和青少年，短袖款服装袖子长度在肘部以上，拉带、装饰绳、功能绳可以外露，但放平摊开至最大宽度时的外露长度不能超过14cm（附图2-21）。

（5）对于两年龄段，袖子上的可调节搭襻不超过10cm，打开时不能垂至衣服下摆以下（附图2-22）。

2.4.9　其他部位

上述没有提及的其他部位，拉带、功能绳、装饰绳可以外露，但当服装放平摊开至最大宽度时，外露长度不超过14cm。

2.4.10　高可视警示性

如果需要配置高可视警示性标志，应符合GB/T 28468的要求。

2.4.11　外观设计安全

本标准里面不可能包括所有危险服装中所潜在的危险。只是针对设计方面选取具有代表性的方面设计进行说明。在某些服装的风格设计中的已知特殊危险，对特定的年龄组是不会呈现出风险的。

（1）学生装外观设计应要符合学生的身份，不可怪异独行。

（2）学生装的设计要符合学生的年龄的特征，分割线设计要符合人体工程学要求，不得阻碍人体常规的活动范围，服装的各部位的长度要避开各关节运动热点。

（3）立体口袋，连帽，领子等部位的设计不要过大，以免造成活动阻碍。

2.4.12　标签

标签要求包括号型、纤维含量和护理标签、原产国等相关的规定。

2.4.13　强力要求

强力包括织物、口袋、拉链和加固应力集中点的接缝强力，金属附件和实用装饰品的固定强力以及覆黏合衬部位剥离强力等。

2.4.14　洗后外观

洗后外观是指接缝外观和褶皱外观。印花和涂层的耐洗性、拼色和绣花线要求、拉链及纽扣的耐洗性量等都要符合国家相关要求。参照GB/T 纺织品　色牢度实验 耐水色牢度。

附录A　绳索和带襻长度测量方法

所有绳索或带襻均应在松弛状态下测量。

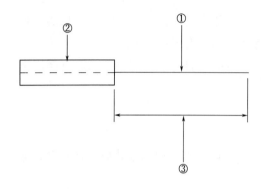

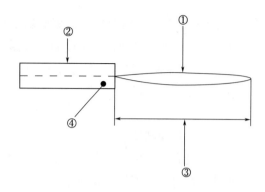

附图2-1　有自由端绳索的测量

附图2-2　无自由端的绳索长度测量方法

附图2-1关键词：

①绳索：直的，有一自由端的。

②服装。

③绳索长度。

附图2-2关键词：

①绳索：无自由端的。

②服装。

③带襻长度。

④绳索两端均固定在服装内部。

注：带襻周长为平摊长度的两倍。

在服装的自然松弛状态下，将拉带平拉放在绳道内。

服装或服装部位延伸至它的最大尺寸以去除聚集或松紧带带来的影响，要求没有超过织物自然状态的变形或延伸，没有服装结构或车缝的破坏（附图2-3）。

保持此延伸位置一段时间，把服装平摊放在桌子上在不拉伸拉带的情况下摆直拉带，并测量从绳道口到自由端末端的长度。

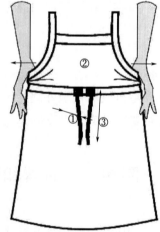

附图2-3　服装放平摊开及拉至最大宽度

备注：建议由两名操作者来测量有松紧带的服装，一名操作者负责保持服装拉至最大宽度，另一名操作者测量拉带。

附图2-3关键词：

①摆直绳索。

②操作者把松紧带服装打开至最大宽度并平放。

③测量绳索长度。

在不调节服装尺寸的情况下，将拉带拉至平放在绳道内。

将服装及其部件在自然状态下（既不延伸也不收缩）平放在桌子上，例如腰带。

在不拉伸拉带的情况下摆直拉带，并测量从绳道口到自由端末端的长度。

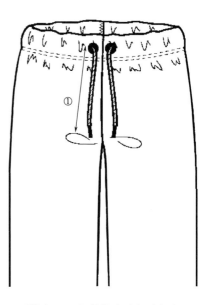

附图2-4　服装的自然松弛状态

附图2-4关键词：

①自由端长度。

将腰带或打结腰带安放上，把服装门襟闭合并平放在桌子上。腰带或打结腰带放置成像是要打成结的样子。

摆直腰带或打结腰带的自由端，并测量从绳道口到自由端末端的长度（附图2-5）。

如果腰带或打结腰带不是永久附着在服装上的，调节至两自由端长度相等再测量。

如果腰带或打结腰带是永久附着在服装上的且自由端长度不相等，测量最长的末端。

附图2-5关键词：

①宽度≥30mm。

②从打结位置测量的长度。

附图2-5　腰带和打结腰带的长度

附录B 绳索和拉带示例

附录B所有图片中的符号含义：

√：可接受

×：不可接受

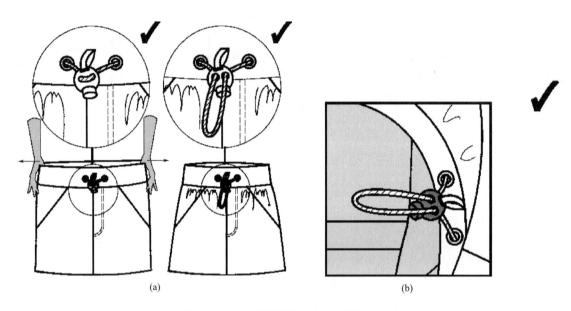

附图2-6 无自由端拉带固定在服装上的示例

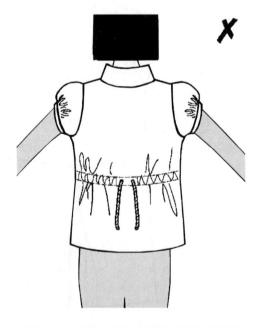

附图2-7 服装上不可接受的背部拉带示例

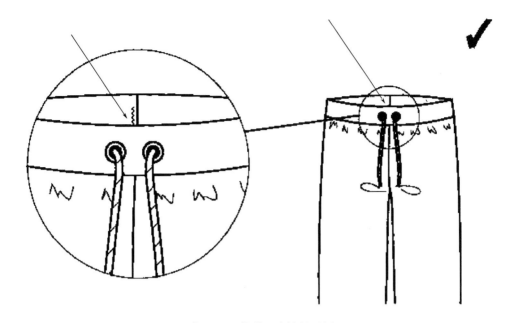

附图2-8　拉带上套结的示例

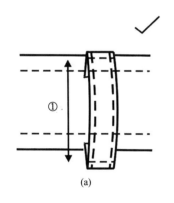

(a)

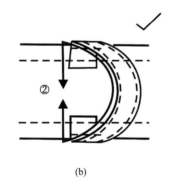

(b)

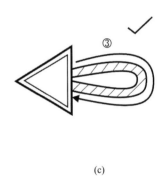

(c)

附图2-9　带襻示例

附图2-9关键词：

附图2-9（a）为平贴的带襻，其中，①为两针迹间距离。

附图2-9（b）为固定带襻，其中，②为周长。

附图2-9（c）为固定带襻，可用作套环服装的门襻，其中，③为周长。

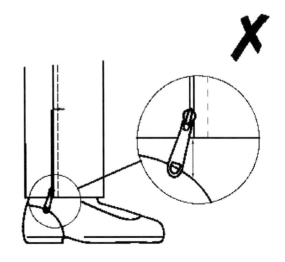

附图2-10　长至脚踝的服装上拉链头低于服装底边的不可接受示例

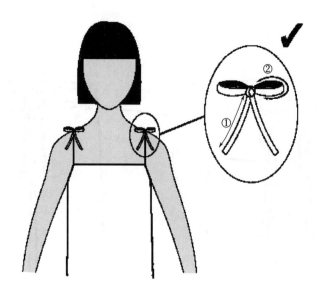

附图2-11 肩带上固定蝴蝶结的示例

附图2-11关键词：

①装饰性绳索长度。

②固定带襻的周长。

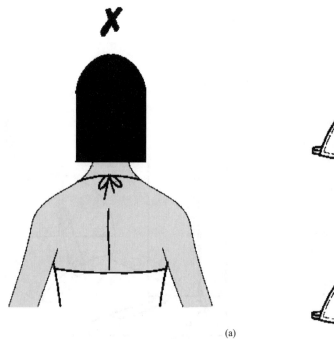

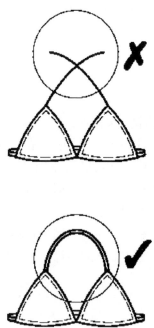

(a)

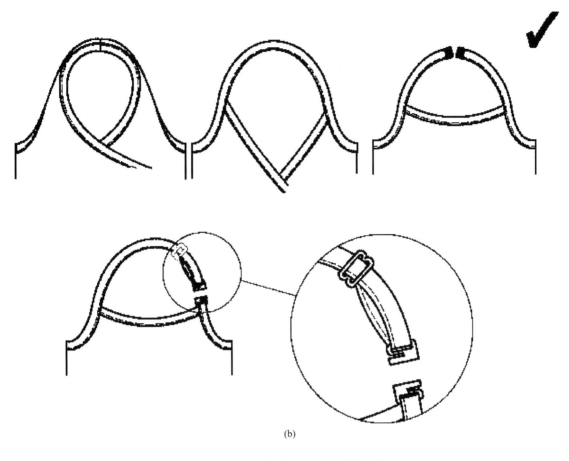

(b)

附图2-12 三角背心的颈部系带示例

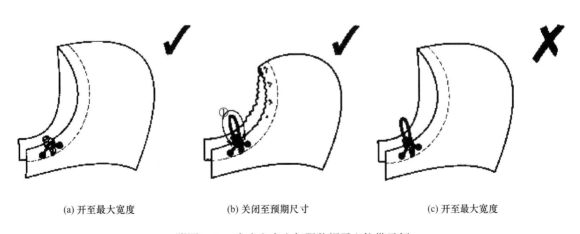

(a) 开至最大宽度　　　　　(b) 关闭至预期尺寸　　　　　(c) 开至最大宽度

附图2-13 大童和青少年服装帽子上拉带示例

附图2-13关键词：
①带襻周长。

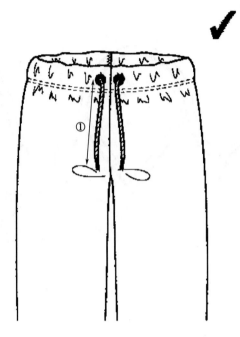

附图2-14　腰部拉带示例

附图2-14关键词：
①服装在自然松弛状态量拉带长度。

附图2-15　腰带和打结腰带示例

附图2-15关键词：
①腰带和打结腰带的宽度。
②腰带和打结腰带的长度。

附图2-16　打结腰带或装饰腰
　带在服装背部可接受的示例

附图2-17　服装正面的打结腰带示例

附图2-16关键词：
①腰带和打结腰带的宽度。
②腰带和打结腰带的长度。
附图2-17关键词：
①腰带宽度。
②从打结位置起量腰带长度。

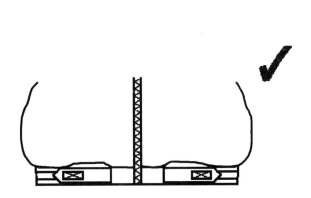

附图2-18　臀围线以下的服装下摆上不可
　接受的绳索示例

附图2-19　可调节的搭襻在臀围线以下的服装下摆示例

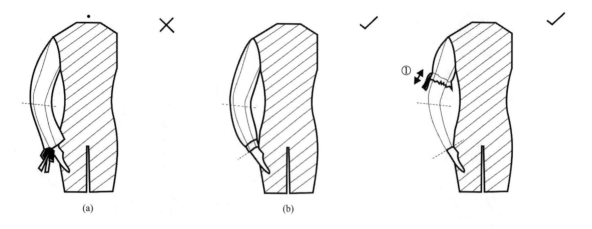

(a)   (b)

附图2-20 长袖款服装示例   附图2-21 短袖款服装示例

附图2-21关键词：
①绳索长度。

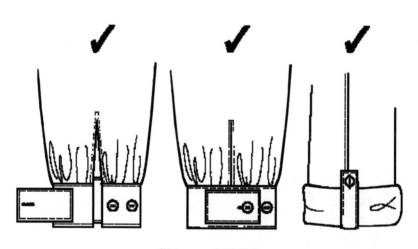

附图2-22 调节搭襻

第3章 校服样板技术标准

3.1 范围

本标准规定了河北省小学生、中学生校服的号型定义、号型标志、号型应用，校服成品规格尺寸，工业用样板制作规范等样板技术特征。

本标准适用于以纺织、织物为原料，成批生产的小学生、中学生胶服等。

3.2 规范性引用文件

下列文件中的条款通过本标准的引用而成为本标准的条款。凡是注日期的引用文件，其随后所有的修改单（不包括勘误的内容）或修订版均不适用于本标准，然而，鼓励根据本标准达成协议的各方研究是否可使用这些文件的最新版本。凡是不注日期的引用文件，其最新版本适用于本标准。

GB/T 1335.1　服装号型　男子

GB/T 1335.2　服装号型　女子

GB/T 1335.3　服装号型　儿童

GB/T 2660　衬衫

GB/T 2662　棉服装

FZ/T 81003—2003　儿童服装、学生服

FZ/T 80009—2004　服装制图

3.3 号型

3.3.1 定义

本标准采用GB/T 15557的定义及下述定义。

3.3.2 号

号指人体的身高，以cm为单位表示，是设计和选购服装长短的依据。

3.3.3 型

型指人体的上体胸围和下体腰围，以cm为单位表示，是设计和选购服装肥度的依据。

3.3.4 **体型**

体型是以中学生人体的胸围与腰围的差数为依据来划分体型，并将体型分为四类，体型分类代号分别为Y，A，B，C。在此校服中因小学生体型特征没有体型划分。

（1）中学生男子体型代号：

Y型表示胸围与腰围的差数为17～22cm。

A型表示胸围与腰围的差数为12～16cm。

B型表示胸围与腰围的差数为7～11cm。

C型表示胸围与腰围的差数为2～6cm。

（2）中学生女子体型代号：

Y型表示胸围与腰围的差数为19～24cm。

A型表示胸围与腰围的差数为14～18cm。

B型表示胸围与腰围的差数为9～13cm。

C型表示胸围与腰围的差数为4～8cm。

3.3.5 **号型**

（1）小学生服装号型：

A．身高90～130cm儿童，身高以10cm分档，胸围以4cm分档，腰围以3cm分档，分别组成10.4和10.3号型系列。

B．身高135～155cm女童，135～160cm男童，身高以5cm分档，胸围以4cm分档，腰围以3cm分档，分别组成5.4和5.3号型系列。

C．身高为90～130cm小学生上装号型系列见表3-1。

表3-1　小学生上装号型系列　　　　　　　　　　　　　单位：cm

号	型				
90	48				
100	48	52	56		
110	48	52	56		
120		52	56	60	
130			56	60	64

D．身高为90～130cm小学生下装号型系列见表3-2。

表3-2　小学生下装号型系列　　　　　　　　　　　　单位：cm

号	型				
90	47				
100	48	50	53		
110	48	50	53		
120		50	53	56	
130			53	56	59

E．身高为135～160cm小学生男上装号型系列见表3-3。

表3-3　小学生男上装号型系列　　　　　　　　　　　　单位：cm

号	型				
135	60	64	68		
140	60	64	68		
145		64	68	72	
150		64	68	72	
155			68	72	76
160				72	76	80

F．身高为135～160cm小学生男下装号型系列见表3-4。

表3-4　小学生男下装号型系列　　　　　　　　　　　　单位：cm

号	型				
135	54	57	60		
140	54	57	60		
145		57	60	63	
150		57	60	63	
155			60	63	66
160				63	66	69

G．身高为135～160cm小学生女上装号型系列见表3-5。

表3-5　小学生女上装号型系列　　　　　　　　　　　　　　　　单位：cm

号	型					
135	56	60	64			
140			64			
145			64	68		
150			64	68	72	
155				68	72	76

H. 身高为135～160cm小学生女下装号型系列见表3-6。

表3-6　小学生女下装号型系列　　　　　　　　　　　　　　　　单位：cm

号	型					
135	49	52	55			
140		52	55			
145			55	58		
150			55	58	61	
155				58	61	64

I. 号型表示方法。上、下装分别标明号型。号与型之间用斜线分开。例：上装150/68，其中150代表号、68代表型。下装150/60，其中150代表号、60代表型。

（2）中学生服装号型：

A. 号型系列号型系列以各体型中间体为中心，向两边依次递增或递减组成。

B. 身高以5cm分档组成系列。

C. 胸围以4cm分档组成系列。

D. 腰围以4cm、2cm分档组成系列。

E. 身高与胸围搭配组成5.4号型系列。

F. 身高与腰围搭配组成5.4、5.2号型系列。

G. 5.4、5.2 Y号型系列详见GB/T 1335.1—1997、GB/T 1335.2—1997。

H. 初等中学生男子服装5.4、5.2 A体型系列见表3-7。

表3-7　初等中学生男子服装5.4、5.2 A体型系列　　　　　　　　　　单位：cm

A体型															
身高腰围胸围	155			160			165			170			175		
72				56	58	60	56	58	60						
76	60	62	64	60	62	64	60	62	64	60	62	64			

续表

胸围 \ 腰围 \ 身高	155			160			165			170			175		
	A体型														
80	64	66	68	64	66	68	64	66	68	64	66	68			
84	68	70	72	68	70	72	68	70	72	68	70	72	68	70	72
88	72	74	76	72	74	76	72	74	76	72	74	76	72	74	76
92				76	78	80	76	78	80	76	78	80	76	78	80
96							80	82	84	80	82	84	80	82	84

I. 初等中学生女子服装5.4、5.2 A体型系列见表3-8。

表3-8　初等中学生女子服装5.4、5.2 A体型系列　　　　单位：cm

胸围 \ 腰围 \ 身高	145			150			155			160			165		
	A体型														
72				54	56	58	54	56	58	54	56	58			
76	58	60	62	58	60	62	58	60	62	58	60	62			
80	62	64	66	62	64	66	62	64	66	62	64	66			
84	66	68	70	66	68	70	66	68	70	66	68	70	66	68	70
88	70	72	74	70	72	74	70	72	74	70	72	74	70	72	74
92				74	76	78	74	76	78	74	76	78	74	76	78

J. 高等中学生男子服装5.4、5.2 A体型系列见表3-9。

表3-9　高等中学生男子服装5.4、5.2 A体型系列　　　　单位：cm

胸围 \ 腰围 \ 身高	165			170			175			180			185		
	A体型														
72	56	58	60												
76	60	62	64	60	62	64	60	62	64	60	62	64			
80	64	66	68	64	66	68	64	66	68	64	66	68			
84	68	70	72	68	70	72	68	70	72	68	70	72	68	70	72
88	72	74	76	72	74	76	72	74	76	72	74	76	72	74	76

续表

胸围 腰围 \ 身高	165			170			175			180			185		
A体型															
92	76	78	80	76	78	80	76	78	80	76	78	80	76	78	80
96				80	82	84	80	82	84	80	82	84	80	82	84
100				84	86	88	84	86	88	84	86	88	84	86	88

K．高等中学生女子服装5.4、5.2 A体型系列见表3-10。

表3-10　高等中学生女子服装5.4、5.2 A体型系列　　　　单位：cm

胸围 腰围 \ 身高	155			160			165			170			175		
A体型															
72	54	56	58	54	56	58									
76	58	60	62	58	60	62	58	60	62						
80	62	64	66	62	64	66	62	64	66	64	66	68			
84	66	68	70	66	68	70	66	68	70	68	70	72	68	70	72
88	70	72	74	70	72	74	70	72	74	72	74	76	72	74	76
92				74	76	78	74	76	78	76	78	80	76	78	80
96							80	82	84	80	82	84	80	82	84
100							82	84	86	82	84	86	82	84	86

L．初等中学生男子服装5.4、5.2 B体型系列详见GB/T 1335.1—1997、GB/T 1335.2—1997。

M．初等中学生男子服装5.4、5.2 C体型详见GB/T 1335.1—1997、GB/T 1335.2—1997。

N．学生服装号型各系列分档数值见GB/T 1335.1—1997、GB/T 1335.2—1997、GB/T 1335.3—1997。

O．学生服装号型各系列控制部位数值见GB/T 1335.1—1997、GB/T 1335.2—1997、GB/T 1335.3—1997。

P．学生服装号型覆盖率见GB/T 1335.1—1997、GB/T 1335.2—1997、GB/T 1335.3—1997。

3.4　校服成品规格尺寸

3.4.1　正装校服

（1）小学生正装校服。

A. 小学生春夏正装校服衬衣成品规格尺寸见表3-11。

表3-11　小学生春夏正装校服衬衣成品规格尺寸　　　　　　单位：cm

号型 部位	110/52	120/56	130/60	135/60	140/64	145/68	150/72	155/72	160/76	165/80
衣长	44	48	52	54	56	58	60	62	64	68
胸围	68	72	76	78	80	82	84	86	88	90
肩宽	31.5	33	34.5	35	35.5	36	36.5	37	37.5	38
短袖袖长	14	14.5	15	15.5	16	16.5	17	17.5	18	18.5
长袖袖长	38	42	46	48	50	52	54	56	58	60

B. 小学生春夏正装西服式校服成品规格尺寸见表3-12。

表3-12　小学生春夏正装西服式校服成品规格尺寸　　　　　　单位：cm

号型 部位	110/52	120/56	130/60	135/60	140/64	145/68	150/72	155/72	160/76	165/80
衣长	40	42	45	47	49	51	53	55	57	60
胸围	68	72	76	82	84	82	84	86	88	90
肩宽	31.5	33	34.5	35	35.5	36	36.5	37	37.5	38
袖长	39	43	47	49	51	53	55	57	69	61.5

C. 小学生春夏正装校服裤装、裙装成品规格尺寸见表3-13。

表3-13　小学生春夏正装校服裤装、裙装成品规格尺寸　　　　　　单位：cm

号型 部位	110/48	120/50	130/52	135/54	140/57	145/60	150/60	155/63	160/66	165/69
腰围（拉量）	66	70	73	75.5	78	80	82	84	86	89
腰围（平量）	48	50	52	54	56	58	60	62	62	64
臀围	72	76	80	82.5	85	87.5	90	92.5	95	97.5
裤长（长裤）	66	72.5	80	83	86	89	92	95	98	102

续表

号型 部位	110/48	120/50	130/52	135/54	140/57	145/60	150/60	155/63	160/66	165/69
裤长（短裤）	36	38	40	42	44	46	48	50	52	54
裙长	28	30	32	33.5	35	37.5	39	41.5	43	45.5

D．小学生秋冬正装校服大衣、外套成品规格尺寸见表3-14。

表3-14　小学生秋冬正装校服大衣、外套成品规格尺寸

单位：cm

号型 部位	110/52	120/56	130/60	135/60	140/64	145/68	150/72	155/72	160/76	165/80
衣长	50	54.5	59	62.5	64	66.5	69	72.5	74	76.5
胸围	82	86	90	92	94	96	99	102	104	108
肩宽	31.5	33	34.5	35	35.5	36	36.5	37	37.5	38
袖长	39	43	47	49	51	53	55	57	69	62

（2）初等中学生正装校服。

A．初等中学生春夏男子正装校服衬衣成品规格尺寸见表3-15。

表3-15　初等中学生春夏男子正装校服衬衣成品规格尺寸

单位：cm

号型 部位	A体型							
	150/68	155/70	160/74	165/78	165/82	170/86	175/90	180/94
衣长	61	64	67	70	73	76	79	82
胸围	84	88	92	96	100	104	108	112
肩宽	37	38	39	40	41	42	43	44
袖长（短袖）	17	18	19	20	21	22	23	24
袖长（长袖）	54	56	58	60	62	64	66	68

B．初等中学生春夏女子正装校服衬衣成品规格尺寸见表3-16。

表3-16　初等中学生春夏女子正装校服衬衣成品规格尺寸

单位：cm

号型 部位	A体型					
	145/70	150/74	155/78	160/82	165/86	170/90
衣长	51	54	57	60	63	66
胸围	84	88	92	96	100	104
肩宽	34	35	36	37	38	39

号型 部位	A体型					
	145/70	150/74	155/78	160/82	165/86	170/90
袖长（短袖）	12	14	16	18	20	22
袖长（长袖）	53	55	57	59	61	63

C. 初等中学生春夏男子正装校服西服成品规格尺寸见表3–17。

表3–17　初等中学生春夏男子正装校服西服成品规格尺寸　　　　单位：cm

号型 部位	A体型						
	155/70	160/74	165/78	165/82	170/86	175/90	180/94
衣长	64	67	70	73	76	79	82
胸围	86	90	94	98	102	104	108
肩宽	38	39	40	41	42	43	44
袖长	55	57	59	61	63	65	67

D. 初等中学生春夏女子正装校服西服成品规格尺寸见表3–18。

表3–18　初等中学生春夏女子正装校服西服成品规格尺寸　　　　单位：cm

号型 部位	A体型					
	145/70	150/74	155/78	160/82	165/86	170/90
衣长	49	52	55	58	61	64
胸围	84	88	92	96	100	104
肩宽	35	36	37	38	39	40
袖长（长袖）	50	52	54	56	58	60

E. 初等中学生春夏男子正装校服裤装成品规格尺寸见表3–19。

表3–19　初等中学生春夏男子正装校服裤装成品规格尺寸　　　　单位：cm

号型 部位	A体型						
	155/64	160/66	165/68	165/70	170/72	175/74	180/78
裤长	91	94	97	100	103	106	109
腰围	66	68	70	73	75	78	81
臀围	86	90	94	98	102	106	110
短裤裤长	39	40	42	44	46	48	50

F．初等中学生春夏女子正装校服裤装、裙装成品规格尺寸见表3-20。

表3-20　初等中学生春夏女子正装校服裤装、裙装成品规格尺寸　　　　单位：cm

部位 ＼ 号型	A体型					
	145/68	150/60	155/62	160/64	165/66	170/68
裤长	87	90	93	96	99	102
腰围	60	62	64	66	69	72
臀围	89	92	95	98	101	104
短裙长	39	41	43	45	47	49

G．初等中学生秋冬男子校服大衣、外套成品规格尺寸见表3-21。

表3-21　初等中学生秋冬男子校服大衣、外套成品规格尺寸　　　　单位：cm

部位 ＼ 号型	A体型						
	155/70	160/74	165/78	165/82	170/86	175/90	180/94
衣长	64	67	70	73	76	79	82
胸围	88	92	96	100	104	108	112
肩宽	39	40	41	42	43	44	45
袖长	55	57	59	61	63	65	67

H．初等中学生秋冬女子校服大衣、外套成品规格尺寸见表3-22。

表3-22　初等中学生秋冬女子校服大衣、外套成品规格尺寸　　　　单位：cm

部位 ＼ 号型	A体型						
	145/70	150/74	155/78	160/82	165/86	165/90	170/94
衣长	51	52	55	58	61	64	67
胸围	88	92	96	100	104	108	112
肩宽	35	36.5	37.5	38.5	39.5	41	42
袖长（长袖）	51	53	55	57	59	61	63

（3）高等中学生正装校服。

A．高等中学生春夏男子正装校服衬衣成品规格尺寸见表3-23。

表3-23　高等中学生春夏男子正装校服衬衣成品规格尺寸　　　　　单位：cm

部位 ＼ 号型	A体型					
	165/80	165/84	170/88	175/92	180/94	185/98
衣长	70	73	76	79	82	85
胸围	100	104	108	112	116	120
肩宽	42	43	44	45	46	47
袖长（短袖）	20	21	22	23	24	25
袖长（长袖）	60	62	64	66	68	70

B. 高等中学生春夏女子正装校服衬衣成品规格尺寸见表3-24。

表3-24　高等中学生春夏女子正装校服衬衣成品规格尺寸　　　　　单位：cm

部位 ＼ 号型	A体型					
	150/76	155/80	160/84	165/88	170/92	175/96
衣长	54	57	60	63	66	69
胸围	88	92	96	100	104	108
肩宽	35	36	37	38	39	40
袖长（短袖）	12	13	14	15	16	17
袖长（长袖）	50	52	54	56	58	60

C. 高等中学生春夏男子正装校服西服成品规格尺寸见表3-25。

表3-25　高等中学生春夏男子正装校服西服成品规格尺寸　　　　　单位：cm

部位 ＼ 号型	A体型					
	165/80	165/84	170/88	175/92	180/94	185/98
衣长	70	73	76	79	82	85
胸围	96	100	104	108	112	116
肩宽	42	43	44	45	46	47
袖长	59	61	63	65	67	69

D. 高等中学生春夏女子正装校服西服成品规格尺寸见表3-26。

E. 高等中学生春夏男子正装校服裤装成品规格尺寸见表3-27。

F. 高等中学生春夏女子正装校服裤装、裙装成品规格尺寸见表3-28。

表3-26　高等中学生春夏女子正装校服西服成品规格尺寸　　　　单位：cm

号型 部位	A体型					
	150/76	155/80	160/84	165/88	170/92	175/96
衣长	52	55	58	61	64	67
胸围	88	92	96	100	104	108
肩宽	36	37	38	39	40	41
袖长	52	54	56	58	60	62

表3-27　高等中学生春夏男子正装校服裤装成品规格尺寸　　　　单位：cm

号型 部位	A体型							
	155/62	160/65	165/68	165/71	170/74	175/77	180/81	185/84
裤长	91	94	97	100	103	106	109	112
腰围	64	67	70	73	76	79	82	85
臀围	90	94	98	102	104	108	112	116
短裤裤长	39	40	42	44	46	48	50	52

表3-28　高等中学生春夏女子正装校服裤装、裙装成品规格尺寸　　　　单位：cm

号型 部位	A体型					
	150/60	155/62	160/64	165/66	170/70	175/74
裤长	90	93	96	99	102	105
腰围	62	64	66	68	72	76
臀围	86	90	94	98	102	106
短裙长	41	43	45	47	49	51

G. 高等中学生秋冬男子正装校服大衣、外套成品规格尺寸见表3-29。

表3-29　高等中学生秋冬男子正装校服大衣、外套成品规格尺寸　　　　单位：cm

号型 部位	A体型					
	165/80	165/84	170/88	175/92	180/94	185/98
衣长	70	73	76	79	82	85
胸围	92	96	108	112	116	120
肩宽	41	42	43	44	45	46
袖长	59	61	63	65	67	69

H. 高等中学生秋冬女子正装校服大衣、外套成品规格尺寸见表3-30。

表3-30　高等中学生秋冬女子正装校服大衣、外套成品规格尺寸　　　单位：cm

部位＼号型	A体型					
	150/76	155/80	160/84	165/88	170/92	175/96
衣长	52	55	82	61	64	67
胸围	94	98	102	106	110	114
肩宽	36.5	37.5	38.5	39.5	41	42
袖长（长袖）	53	55	57	59	61	63

3.4.2　运动装校服

（1）小学生运动装校服。

A. 小学生春夏运动装校服T恤成品规格尺寸见表3-31。

表3-31　小学生春夏运动装校服T恤成品规格尺寸　　　单位：cm

部位＼号型	110/52	120/56	130/60	135/60	140/64	145/68	150/72	155/72	160/76	165/80
衣长	41	43	47	49	51	53	55	57	59	61
胸围	68	72	76	78	80	82	84	86	88	90
肩宽	26	28	30	31	32	34	35	36	37	38
短袖袖长	10	10	11	11.5	12	12.5	13	13.5	14	14.5
长袖袖长	36	38	42	46	48	50	52	54	56	60

B. 小学生春夏运动装校服裤装、裙装成品规格尺寸见表3-32。

表3-32　小学生春夏运动装校服裤装、裙装成品规格尺寸　　　单位：cm

部位＼号型	110/48	120/50	130/52	135/54	140/57	145/60	150/60	155/63	160/66	165/69
腰围（拉量）	66	70	73	75.5	78	80	82	84	86	89
腰围（平量）	48	50	52	54	56	58	60	62	62	64
臀围	72	76	80	82.5	85	87.5	90	92.5	95	97.5
裤长（长裤）	66	72.5	80	83	86	89	92	95	98	102
裤长（短裤）	36	38	40	42	44	46	48	50	52	54
裙长	28	30	32	33.5	35	37.5	39	41.5	43	45.5

C. 小学生秋冬运动装校服套装成品规格尺寸见表3-33。

表3-33　小学生秋冬运动装校服套装成品规格尺寸　　　单位：cm

部位 \ 号型	110/52	120/56	130/60	135/60	140/64	145/68	150/72	155/72	160/76	165/80
后衣长（后中下量）	41	43	47	49	51	53	55	59	59	61
胸围	82	86	90	92	94	96	99	102	104	108
肩宽	32.5	33	33.5	33.5	34	34.5	35	35.5	36	37
袖长	39	43	47	49	51	53	55	57	69	62
裤长	72	75	78	81	84	87	90	93	96	100
腰围（平量）	49	51	53	55	57	59	61	63	65	67
腰围（拉量）	67	70	73	76	79	81	83	85	88	91
臀围	72	75	78	81	84	87	90	93	96	100

（2）初等中学生运动装校服。

A. 初等中学生春夏男子运动装校服T恤成品规格尺寸见表3-24。

表3-24　初等中学生春夏男子运动装校服T恤成品规格尺寸　　　单位：cm

部位 \ 号型	A体型							
	150/68	155/70	160/74	165/78	165/82	170/86	175/90	180/94
衣长	53	56	59	62	65	68	71	74
胸围	80	84	88	92	96	100	104	108
肩宽	37	38	39	40	41	42	43	44
袖长（短袖）	16	17	18	19	20	21	23	24
袖长（长袖）	54	56	58	60	62	64	66	68

B. 初等中学生春夏女子正装校服T恤成品规格尺寸见表3-25。

表3-25　初等中学生春夏女子正装校服T恤成品规格尺寸　　　单位：cm

部位 \ 号型	A体型					
	145/70	150/74	155/78	160/82	165/86	170/90
衣长	48	51	54	57	60	63
胸围	80	84	88	92	96	100
肩宽	32	33	34	35	36	37
袖长（短袖）	10	12	13	14	15	16
袖长（长袖）	48	50	52	54	56	58

C. 初等中学生春夏男子运动装校服裤装成品规格尺寸见表3-36。

表3-36　初等中学生春夏男子运动装校服裤装成品规格尺寸　　　　单位：cm

号型 部位	A体型						
	155/64	160/66	165/68	165/70	170/72	175/74	180/78
裤长	91	94	97	100	102	106	109
腰围	66	68	70	73	75	78	81
臀围	86	90	94	98	102	106	110
短裤裤长	40	42	46	48	50	52	54

D. 初等中学生春夏女子运动装校服裤装、裙装成品规格尺寸见表3-37。

表3-37　初等中学生春夏女子运动装校服裤装、裙装成品规格尺寸　　　　单位：cm

号型 部位	A体型					
	145/58	150/60	155/62	160/64	165/66	170/68
裤长	87	90	93	96	99	102
腰围（平铺）	56	58	60	62	64	66
腰围（拉开）	79	82	85	88	91	94
臀围	89	92	95	98	101	104
短裙长	39	41	43	45	47	49

E. 初等中学生秋冬男子校服套装成品规格尺寸见表3-38。

表3-38　初等中学生秋冬男子校服套装成品规格尺寸　　　　单位：cm

号型 部位	A体型						
	155/70	160/74	165/78	165/82	170/86	175/90	180/94
衣长	58	61	64	67	70	73	76
胸围	88	92	96	100	104	108	112
肩宽	39	40	41	42	43	44	45
袖长	53	55	57	59	62	64	66
裤长	90	93	96	99	102	105	108
腰围（平铺）	68	70	72	74	76	78	80
腰围（拉开）	82	85	88	91	94	97	100
臀围	90	93	96	99	102	105	108

F. 初等中学生秋冬女子校服套装成品规格尺寸见表3-39。

表3-39　初等中学生秋冬女子校服套装成品规格尺寸　　　　单位：cm

部位＼号型	A体型						
	145/70	150/74	155/78	160/82	165/86	165/90	170/94
衣长	51	54	57	60	63	66	69
胸围	84	88	92	96	100	104	108
肩宽	35	36	37	38	39	40	41
袖长（长袖）	52	54	56	58	60	62	64
裤长	86	89	92	95	98	101	104
腰围（平铺）	56	58	60	62	68	70	72
腰围（拉开）	84	88	92	96	100	104	108
臀围	92	96	100	104	108	112	116

（3）高等中学生运动装校服。

A. 高等中学生春夏男子运动装校服T恤成品规格尺寸见表3-40。

表3-40　高等中学生春夏男子运动装校服T恤成品规格尺寸　　　　单位：cm

部位＼号型	A体型					
	165/80	165/84	170/88	175/92	180/94	185/98
衣长	68	70	72	74	76	78
胸围	100	104	106	110	112	114
肩宽	42	43	44	45	46	47
袖长（短袖）	18	19	20	21	22	23
袖长（长袖）	58	60	62	64	66	68

B. 高等中学生春夏女子运动装校服T恤成品规格尺寸见表3-41。

表3-41　高等中学生春夏女子运动装校服T恤成品规格尺寸　　　　单位：cm

部位＼号型	A体型					
	150/76	155/80	160/84	165/88	170/92	175/96
衣长	54	57	60	63	66	69
胸围	86	90	94	98	102	106
肩宽	34	35	36	37	38	39
袖长（短袖）	13	13.5	14	14.5	15	15.5
袖长（长袖）	58	58	60	60	62	62

C. 高等中学生春夏男子运动装校服裤装成品规格尺寸见表3-42。

表3-42　高等中学生春夏男子运动装校服裤装成品规格尺寸　　　单位：cm

部位＼号型	A体型							
	155/62	160/65	165/68	165/71	170/74	175/77	180/81	185/84
裤长	92	95	98	101	104	107	110	113
腰围	64	67	70	73	76	79	82	85
臀围	90	94	98	102	104	108	112	118
短裤裤长	41	43	45	47	49	51	53	55

D. 高等中学生春夏女子运动装校服裤装、裙装成品规格尺寸见表3-43。

表3-43　高等中学生春夏女子运动装校服裤装、裙装成品规格尺寸　　　单位：cm

部位＼号型	A体型					
	150/60	155/62	160/64	165/66	170/70	175/74
裤长	90	93	96	99	102	105
腰围	62	64	66	68	72	76
臀围	90	94	98	102	106	108
短裙长	43	45	47	49	51	53

E. 高等中学生秋冬男子运动装校服套装成品规格尺寸见表3-44。

表3-44　高等中学生秋冬男子运动装校服套装成品规格尺寸　　　单位：cm

部位＼号型	A体型					
	165/80	165/84	170/88	175/92	180/94	185/98
衣长	66	69	72	75	78	81
胸围	92	96	108	112	116	120
肩宽	41	42	43	44	45	46
袖长	59	61	63	65	67	69
裤长	97	100	103	106	109	112
腰围	86	88	90	92	94	98
臀围	95	99	103	107	111	115

F. 高等中学生秋冬女子运动装校服套装成品规格尺寸见表3-45。

表3-45　高等中学生秋冬女子运动装校服套装成品规格尺寸　　　　单位：cm

部位 ＼ 号型	A体型					
	150/76	155/80	160/84	165/88	170/92	175/96
衣长	56	59	62	65	68	71
胸围	88	92	96	100	104	108
肩宽	36	37	38	39	40	41
袖长（长袖）	56	58	60	62	64	66
裤长	90	93	96	99	102	105
腰围	62	64	66	68	72	76
臀围	92	96	100	104	108	112

3.5　工业用样板制作规范

3.5.1　样板订正

（1）余量等订正。

A. 核对围度：相对于对应的号型，核对胸围、腰围、臀围的尺寸余量，如图3-1所示。

B. 核对宽度：相对于对应的号型，核对肩宽、胸宽、背宽的尺寸余量。

C. 核对长度：相对于对应的号型，核对衣长、袖长、裤长、裙长的尺寸。

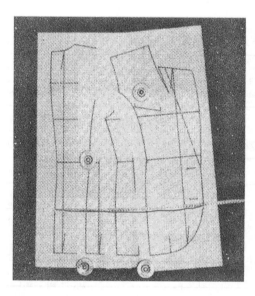
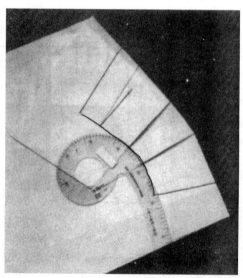

图3-1　样板订正

D．核对吃量：相对于对应的号型，核对袖子的吃量。

（2）各缝合线的订正。

领口线、袖窿线、下摆线、袖山弧线、袖口线、腰围线等各缝合线的顺接互相缝合的样板边对照、拼合、订正边长度、形状的订正，如图3-2所示。

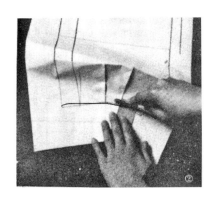
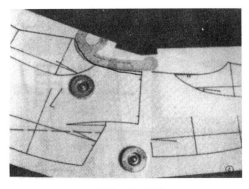

省缝部分用双面复写纸拓下　　　　　　　　　看袖窿弧线的顺接

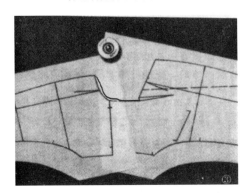
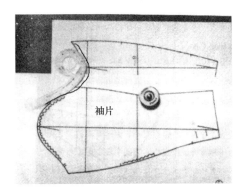

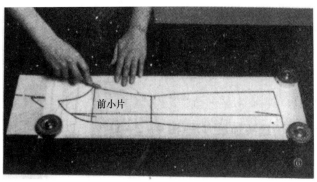

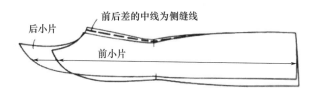

图3-2　合缝合线的订正

（3）合印点的订正。

合印点表示各尺寸间如何缝合，或成为区别前后身等一些部件而使用。标记方法根据位置的不同有垂直、水平、延长、直角等。

3.5.2 工业用样板的制作

（1）缝份的加放及缝份角度订正。

缝份的加放及缝份角度订正，如图3-3所示。

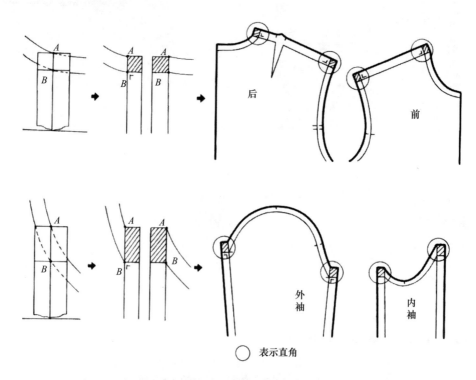

图3-3 合印点的订正

（2）表布样板。

A．工业用样板如果是左右对称同形，应写上CUT2，如图3-4所示。

B．工业用样板如果是连裁，需制作左右展开的样板，如图3-5所示。

（3）里布样板，如图3-6所示。

（4）衬料样板。

制作衬料样板以放完缝份的样板为基础，各部位的衬均要缩进0.3cm，如图3-7所示。

（5）模具样板。

在服装制作过程中，进行局部形状的订正及标注标印的样板，如前身及贴边订正收缩量、扣子、扣眼的位置，及画驳口线的位置等，如图3-8所示。

（6）生产用样板。

A．根据缝制机种的不同对缝头宽的变更。

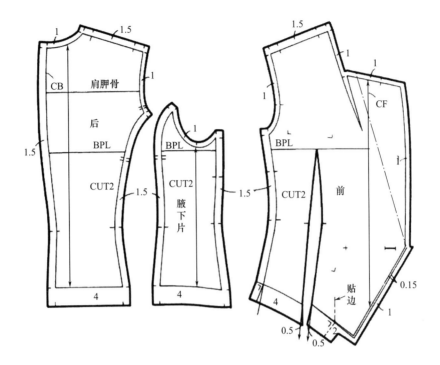

图3-4　表布衣身样板

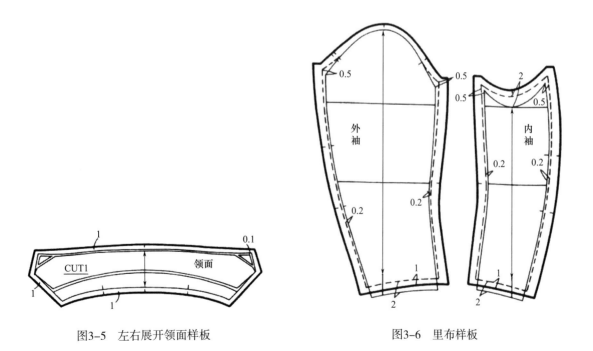

图3-5　左右展开领面样板

图3-6　里布样板

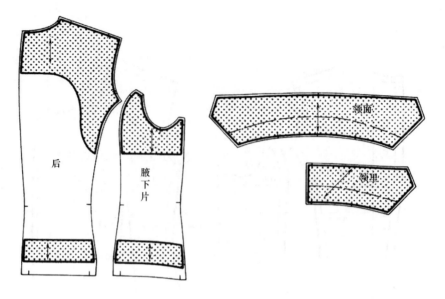

图3-7　衬料样板

图3-8　模具样板

B. 根据曲线形状的难易度和作业者的技术熟练程度对合印点（或刀眼）的增减。

C. 熨烫加工时使制品均一完成。

（7）工业用样板整理。

将样板分类整理，加盖样板的款号、名称、号型、类别、制板时间等，在相应的位置打剪口、打孔，并分类穿起挂在阴凉干燥的样板间保存。

第4章　校服工艺技术标准

4.1　范围

本标准规定了学生装的要求、检测方法、检验分类规则及判定原则等技术规范。

本标准适用于以机织物、针织物为主要原料,成批生产的各种款式的学生日常穿着服装,不包括学生在特种场合下穿着的服装,如演出服、实习服、礼仪服、比赛服等。

4.2　规范性引用文件

下列文件对于本文件的应用是必不可少的。凡是注日期的引用文件,仅所注日期的版本适用于本文件。凡是不注日期的引用文件,其最新版本(包括所有的修改单)适用于本文件。

GB/T 1335　服装号型

GB 5296.4　消费品使用说明　第4部分　纺织品和服装使用说明

GB/T 6411　针织内衣规格尺寸系列

GB/T 8170　数值修约规则与极限数值的表示和判定

GB/T 8628　纺织品　测定尺寸变化的试验中织物试样和服装的准备、标记及测量

GB/T 8629　纺织品　试验用家庭洗涤和干燥程序

GB/T 8630　纺织品　洗涤和干燥后尺寸变化的测定

GB/T 12704.2　纺织品　织物透湿性试验方法　第2部分:蒸发法

GB/T 13796　纺织品　评定织物经洗涤后外观平整度的试验方法

GB/T 13771　纺织品　评定织物经洗涤后接缝外观平整度的试验方法

GB/T 16988　纺织品　特种动物纤维与绵羊毛混合物含量的测定

GB 18401　国家纺织产品基本安全技术规范

GB 18383　絮用纤维制品通用技术要求

GB 22705　童装绳索和拉带安全要求

GB/T 28468　中小学生交通安全反光校服

GB/T 29862　纺织品　纤维含量的标识

FZ/T 01057　纺织纤维鉴别试验方法（所有部分）

FZ/T 01101　纺织品　纤维含量的测定　物理法

FZ/T 30003　棉麻混纺产品定量分析方法　显微投影法

FZ/T 80004　服装成品出厂检验规则

FZ/T 80007.3　纺织品　使用黏合衬服装耐干洗测试方法

GSB 16—1523—2002　针织物起毛起球样照

GSB 16—2159　针织产品标准深度样卡（1/12）

GSB 16—2500—2008　针织物表面疵点彩色样照

GB/T 3921—2008　纺织品色牢度试验　耐皂洗色牢度

GB/T 250　纺织品　色牢度试验　评定变色用灰色样卡

GB/T 251　纺织品　色牢度试验　评定沾色用灰色样卡

GB/T 2910　纺织品　定量化学分析

GB/T 2912.1　纺织品　甲醛的测定　第1部分：游离和水解的甲醛（水萃取法）

GB/T 3917.2　纺织品　织物撕破性能　第2部分：裤形试样（单缝）撕破强力的测定

GB/T 3917.3　纺织品　织物撕破性能　第3部分：梯形试样撕破强力的测定

GB/T 3920　纺织品　色牢度试验　耐摩擦色牢度

GB/T 3921　纺织品　色牢度试验　耐皂洗色牢度

GB/T 3922　纺织品　耐汗渍色牢度试验方法

GB/T 3923.1　纺织品　织物拉伸性能　第1部分：断裂强力和断裂伸长率的测定　条样法

GB/T 4802.1　纺织品　织物起毛起球性能的测定　第1部分：圆轨迹法

GB/T 19976　纺织品　顶破强力的测定（钢球法）

GB/T 8630　纺织品　洗涤和干燥后尺寸变化的测定

GB/T 14576　纺织品　色牢度试验　耐光汗复合色牢度

GB/T 16988　纺织品　特种动物纤维与绵羊毛混合物含量的测定

4.3　产品分类

（1）按穿着对象分为：幼儿园校服（3岁及以上）、大中小学校服。

（2）按采用面料的组织结构分为：机织校服、针织校服。

（3）按服装的功能分为：普通校服和特种功能校服（如中小学生交通安全反光校服）。

4.4　要求

要求分为使用说明、号型规格、原材料、外观质量、理化性能五个方面，其中外观质量包括：表面疵点、规格尺寸偏差、本身尺寸差异、缝制、色差、纱向和纹路歪斜、对条对格、整烫外观、拼接；理化性能包括：甲醛含量、pH值、异味、可分解致癌芳香胺染料、绳索和拉带安全、可萃取重金属含量、物理安全性、耐皂洗色牢度、耐汗渍色牢度、耐摩擦色牢度、耐水色牢度、耐光色牢度、耐光汗复合色牢度、拼接互染程度、起毛起球、水洗尺寸变化率、洗涤干燥后外观平整度、覆黏合衬部位起泡脱胶、洗涤干燥后接缝外观质量、水洗后扭曲率、断裂强力、缝子纰裂程度、裤后裆缝接缝强力、撕破强力、覆黏合衬部位的剥离强力、顶破强力、耐磨性、纽扣等不可拆卸小物件的牢度、透气率、透湿量、纤维含量。

4.4.1 使用说明
使用说明按GB 5296.4的规定执行。

4.4.2 裁剪要求
（1）裁前认真验布、顺色，留足够的时间使面料在松弛状态下回缩。
（2）布料的纹路（丝缕）不得有明显的弯曲。
（3）沿经向或凸纹裁剪。
（4）袋布纹路须和衣身一致。
（5）不同匹号的面料有缸差时，裁剪要编号顺色。

4.4.3 缝制要求
（1）针距密度按表4-1、表4-2规定，特殊设计除外。

表4-1 机织学生服针距密度要求

项目		针距密度	备注
明暗线		3cm不少于12针	—
包缝线		3cm不少于9针	—
手工针		3cm不少于7针	肩缝、袖窿、领子不少于9针
三角针		3cm不少于5针	以单面计算
锁眼	细线	1cm不少于12针	—
	粗线	1cm不少于9针	—
钉扣	细线	每眼不少于8根线	缠脚线高度与扣眼止口厚度相适应
	粗线	每眼不少于6根线	

表4-2 针织学生服针距密度要求

项目	平缝针	四线包缝	锁缝线	装饰线	三针五线	松紧带机	包缝卷边机	锁眼	钉扣
针距密度（不低于）	9针/2cm	8针/2cm	8针/2cm	7针/2cm	9针/2cm	7针/2cm	7针/2cm	8～9针/cm	5针/眼
注：面料单位面积质量≥300g/m²时，平缝针应≥8针/2cm									

（2）各部位缝制平服、无扭曲，线路顺直、整齐、平服、牢固，针迹均匀，上下线松紧要适宜，起止针处及袋口应回针缉牢。

（3）领子平服，领型端正，不反翘，领子部位明线不允许有接线。

（4）门襟平直，缉拉链缉线顺直，拉链带平服，左右高低一致。

（5）缉袖圆顺，前后基本一致。袋与袋盖方正、圆顺，前后、高低一致。

（6）折边的宽度要适当、均匀，不因折边而抽线。

（7）褶裥要均匀整齐，轮廓分明，无明显的弯曲与变化。

（8）裤子后裆缝需缉双趟线。

（9）四合扣上下扣松紧适宜，牢固，不脱落；扣与扣眼及四合扣上下要对位。

（10）锁眼定位准确，大小适宜；锁眼间的距离互差不大于0.8cm；扣与眼对位，整齐牢固，眼位不偏斜；锁眼针迹美观、整齐、平服，且在其两端应各打套结2～3针。

（11）钉扣牢固，扣脚高低适宜，扣与眼位互差不大于0.5cm；缠脚高度与扣眼厚度相适宜，缠绕三次以上（装饰扣可不缠绕）；收线打结应结实完整，线结不外露。

（12）裤钩的钉结应端正、准确、牢固。每一钩眼中采用双线缝三次以上，单线五次以上，且打结牢固，对较薄的面料要用锁眼衬或在里层加而补强。

（13）拉链缝制位置必须端正，两边缝订应松紧一致，上、下端缝订起始处采用来回针加强，整条拉链应拉动自如。

（14）商标位置端正，牢固、耐久性标签内容应清晰明确。

（15）机织学生服各部位缝份不小于0.8cm，所有外露、受力缝份均应包缝。

（16）针织学生服合缝处明缝迹用四线或五线包缝机缝制；沿边包缝合缝处应打回针或加固；双针机绷缝：凡上领用包缝机缝制者，后领部位用双针机绷缝或包领条。

（17）对称部位缝制线路应基本一致。

（18）明线部位缝纫曲折高低不大于0.3cm；领子部位不允许跳针，其余部位30cm内不得有两处及以上单跳针或连续跳针。链式线迹不允许跳针。

4.4.4　熨烫要求

（1）各部位整理加工后应平服、整洁，无烫黄、油污、色斑、烫焦、水渍及亮光，叠迹适当，风格优良。

（2）覆黏合衬部位不允许有脱胶、渗胶及起皱现象。整洁、美观、各部位熨烫平服。

（3）不得有因整烫而造成对附属品等的破坏。

4.4.5　外观质量要求

（1）表面疵点。

A. 机织校服表面疵点。

成品各部位的疵点按表4-3规定，各部位划分如图4-1所示。每个独立的部位只允许疵点一处，超过一处降为下一个缺陷等级，如轻缺陷降为重缺陷，以此类推。未列入本标准的疵点按其形态，参照表4-3相似疵点执行。

表4-3　机织校服表面疵点规定

疵点名称	各部位允许存在程度		
	1号部位	2号部位	3号部位
粗于2倍粗纱3根	不允许	长1~3cm	长3~6cm
粗于3倍粗纱4根	不允许	不允许	长小于2.5cm
经缩	不允许	不明显	长小于4cm，宽小于1cm
颗粒状粗纱	不允许	不允许	不影响外观
色档	不允许	不影响外观	轻微
斑疵（油、锈、色斑）	不允许	不影响外观	不大于0.2m²

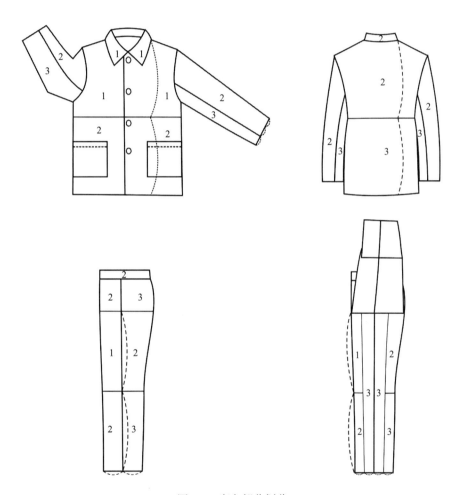

图4-1　疵点部分划分

B. 针织校服表面疵点。

表面疵点程度按GSB 16—2500—2008执行；主要部位是指上衣前身上部的三分之二（包括领窝露面部位），裤类无主要部位；针织学生服表面疵点规定见表4-4。

表4-4　针织校服表面疵点规定

疵点名称	要求
毛丝	不允许
大肚纱、长花针、粗纱、油纱、色纱	轻微者允许
修疤、变质、残破	不允许
丝拉紧（挂紧丝）	累计不超过8cm
油棉、飞花	无洞眼者0.5cm两处或1cm一处
油针	轻微者允许1针15cm一处
起毛露底、脱线、起毛不匀、极光印、色花、风渍、拆印、印花疵点（露底、搭色、套板不正等）	主要部位：轻微者允许 次要部位：超出明显者不允许
缝纫油污线	浅淡的20cm；较深的10cm
浅淡油、污、色渍	累计不超过6cm
较深油、污、色渍	累计不超过2cm
底边明针	允许
重针（单针机除外）	限4cm两处

注：1. 轻微——直观上不明显，通过仔细辨认才能看出来
　　2. 明显——不影响整体效果，但能感觉到疵点的存在

（2）规格尺寸偏差。

A．机织校服主要部位规格尺寸允许公差见表4-5。

表4-5　机织校服主要部位规格公差　　　　　　　　　单位：cm

部位			允许公差
衣长			±1.0
胸围			±2.0
领围			±0.8
大肩宽			±1.0
袖长	短袖		±0.8
	长袖	装袖	±1.2
		连身袖	±1.5
裤（裙）长			±1.0
腰围			±2.0

B．针织校服主要部位规格尺寸允许公差见表4-6。

表4-6 针织校服主要部位规格公差 单位：cm

部位		身高160cm以下	身高160cm以上
		允许公差	允许公差
衣长		−1.0	±2.0
（1/2）胸（腰）围		−1.5	±2.0
袖长	长袖	−1.0	±2.0
	短袖	−1.0	−1.5
裤长	长裤	−1.5	±2.0
	短裤	−1.0	−2.0
大肩宽		±1.0	±2.0
挂肩		−1.0	−2.0
直裆		±1.5	±2.0
横裆		−2.0	−2.0
袖口大		±0.5	±0.5

C．产品本身各部位尺寸差异见表4-7。

表4-7 产品本身各部位尺寸差异 单位：cm

内容		要求
门襟、左右侧缝长度不一		≤0.8
肩宽不一		≤0.8
挂肩不一		≤1.0
脚口大不一		≤1.0
袖长不一	长袖	≤1.0
	短袖	≤0.8
裤长不一	长裤	≤1.0
	短裤	≤0.8

（3）纱向和纹路歪斜。

A．机织面料经纬纱向：前身顺翘，不允许倒翘。领面、后身、袖子、前后裤片的允斜程度不大于3%；色织或印花、条格料不大于2%。

B．针织面料纹路歪斜：不大于9%（仅考核夏装上衣）。

（4）机织学生服对条对格。

面料有明显条格（大小在1.0cm以上）的按表4-8规定。

表4-8　机织学生服对条对格表　　　　　　单位：cm

部位名称	对条对格规定	备注
左右前身	条料顺直、格料对横、互差不大于0.3	格子大小不一时，以衣长的二分之一上半部分为主
袋与前身	条料对条，格料对格，互差不大于0.3，斜料贴袋左右对称，互差不大于0.5（阴阳条格例外）	遇格子大小不一时，以袋前部为主（靠近前中心端）
领尖、驳头	条料对称、互差不大于0.2	遇阴阳格时，以明显条格为主
袖子	条料顺直，格料对横、以袖山为准、两袖对称、互差不大于0.8	—
背缝	条料对条、格料对横、互差不大于0.3	—
摆缝	格料对横，10cm以下袖窿互差不大于0.4	—
裤侧缝	侧缝袋口10cm以下处格料对横，互差不大于0.4	—

（5）色差。

A. 领子、驳头、前后过肩、前腰头与大身的色差不低于4级。里子色差不低于3~4级。

B. 覆黏合衬或多层料所造成的色差不低于3~4级，其他表面部位与大身色差不低于4级。

C. 套装中上装与下装的色差不低于4级。

（6）拼接（仅考核机织校服）。

挂面在驳头以下、最下端扣眼位置以上允许拼接一次，但应避开扣眼位。领里可对称一拼（立领不允许），裙子、裤子腰头在后中缝或侧缝处允许一拼。其他部位除设计需要外不允许拼接。

4.4.6　理化性能

（1）基本安全性能。

成品的基本安全性能按表4-9规定。

表4-9　成品基本安全性能表

项目		要求	
		直接接触皮肤类	非直接接触皮肤类
甲醛含量（mg/kg）		≤75（幼儿园校服≤30）	≤300
pH值		4.0~8.5	4.0~9.0
异味		无霉味、汽油味、煤油味、鱼腥味、芳香烃味、未洗净动物纤维腥膻味、臊味及其他刺激性气味	
可分解致癌芳香胺染料		禁用，限量值≤20mg/kg	
可萃取重金属含量（mg/kg）	锑（Sb）	≤30.0	≤30.0
	砷（As）	≤0.2	≤0.2
	铅（Pb）	≤0.2	≤0.2

项目		要求	
		直接接触皮肤类	非直接接触皮肤类
可萃取重金属含量（mg/kg）	镉（Cd）	≤0.1	≤0.1
	铬（Cr）	≤1.0	≤1.0
	铬（Cr）（Ⅵ）	≤0.5	≤0.5
	钴（Co）	≤4.0	≤4.0
	铜	≤50.0	≤50.0
	镍	≤4.0	≤4.0
	汞	≤0.02	≤0.02
物理安全性		1. 成品内不得残留金属针 2. 纽扣、拉链、装饰物等附件不得有毛刺、可触及性锐利边缘和尖端	

注：非直接接触皮肤类产品明示的安全技术类别为A类或B类时，就按明示安全技术类别考核；直接接触皮肤类产品明示的安全技术类别为A类时，就按明示安全技术类别考核

（2）色牢度。

A. 里料的耐干摩擦色牢度、耐皂洗沾色色牢度、缝纫线耐皂洗沾色色牢度均不低于3级，绣花线耐皂洗沾色色牢度不低于3～4级（深色3级）。

B. 面料的色牢度技术要求按表4-10规定。

表4-10　面料色牢度技术要求

项目		色牢度允许程度
耐皂洗色牢度	变色	≥3～4
	沾色	≥3～4
耐汗渍色牢度	变色	≥3～4
	沾色	≥3～4
耐摩擦色牢度	干摩	≥3～4
	湿摩	≥3～4（深色为3）
耐水洗色牢度	变色	≥3～4
	沾色	≥3～4
耐光色牢度	变色	≥4
耐光汗复合色牢度	变色	≥3
拼接互染色牢度		≥4

1. 按GB/T 4841.3规定，颜色大于等于1/12染料染色标准深度为深色、颜色小于1/12染料染色标准深度为浅色
2. 耐皂洗色牢度、耐摩擦色牢度也考核印花部位
3. 耐光汗复合色牢度仅考核直接接触皮肤类服装
4. 拼接互染程度只考核深色和浅色拼接的产品

（3）耐用性。

成品的耐用性要求按表4-11规定。

表4-11 校服耐用性要求

项目			要求
起球（级）	针织物		≥3~4
	机织物		≥3~4
水洗尺寸变化率（%）	针织校服		直向：-6.5~+3.0 横向：-6.5~+3.0
	机织校服	领围	≥-2.0（只考核关门领）
		胸围	≥-2.5
		衣长	≥-3.5
		腰围	≥-2.0
		裤（裙）长	≥-3.5
洗涤干燥后外观平整度（仅考核可水洗的耐久压烫制服式校服）			≥4级
覆黏合衬部位起泡脱胶（仅考核可水洗的制服式校服）			不允许
洗涤干燥后接缝处外观质量（仅考核可水洗的制服式校服）			≥4级
水洗后扭曲率（%）			上衣≤5.0；裤子≤1.5
断裂强力（仅考核机织面料）			经向≥245N，纬向≥200N
缝子纰裂程度			≤0.5cm纰裂试验结果出现织物断裂、织物撕破现象判定为合格；出现滑脱现象判定为不合格；出现缝线断裂现象，判定为缝纫性能不合格
裤后裆缝接缝强力			面料≥140N，里料≥80N
撕破强力（仅考核机织面料）			面料≥10N，纯棉织物（单位面积质量≤140g/m²）≥7N
覆黏合衬部位的剥离强度			≥6N
顶破强力（仅考核针织面料）			上衣≥180N，裤子≥220N
耐磨性	单位面积质量≤339g/m²		≥15000次
	单位面积质量>339g/m²		≥25000次
纽扣等不可拆卸小物件牢度			要求受力70N±2N后不从衣服上脱落

注 1. 起毛、起绒类产品不考核起球。

2. 水洗尺寸变化率不考核短裙、短裤、褶皱类产品的褶皱向，弹力织物的横向。

3. 夹克式校服上衣不考核水洗后扭曲率。

4. 耐磨性两根或两根以上非相邻纱线被磨断为试验终止。

（4）舒适性。

校服的舒适性要求，按表4-12规定。

表4-12 校服舒适性要求

项目	要求
面、里料的透气率（仅考核夏装）	≥180mm/s
面、里料透湿量	≥2500g/（m² · d）

（5）纤维含量。

纤维成分含量允差按GB/T 29862的规定。

4.5 检测方法

4.5.1 检验工具

（1）钢卷尺、钢板尺，分度值为1mm。

（2）评定变色用灰色样卡（GB/T 250）。

（3）评定沾色用灰色样卡（GB/T 251）。

（4）1/12染料染色标准深度色卡（GB/T 4841.3）。

4.5.2 成品规格测定

（1）成品的主要部位规格测量方法按表4-13规定，测量部位如图4-2所示。

表4-13 主要部位规格测量方法

序号	部位	测量规定
①	衣长	前衣长由肩缝最高点量至底边；后衣长由后领中垂直量至底边
②	胸围	系好纽扣或拉链后，前后身平铺，沿袖窿底缝水平横量（周围计算）
③	领大	领子摊平横量、立领量上口、其他领量下口（搭门除外，开门领不考核）
④	袖长	装袖：由肩袖缝交叉点量至袖口边中间；连身袖：由后领中心经肩袖缝交叉点沿袖中线量至袖口边中间
⑤	肩宽	由肩袖缝交叉点，平摊横量
⑥	腰围	扣上裤（裙）扣或挂钩，沿腰头中间横量（一周计算）
⑦	裤长	有腰表上口沿侧缝摊平垂直量至脚口边
⑧	裙长	半身裙由腰上口沿侧缝量至底边。连衣裙由肩缝最高点垂直量至底摆边，或由后领底中心垂直量至裙底边

4.5.3 外观质量测定

（1）一般采用灯光检验，用40W青光或白光日光灯一支，上面加灯罩，灯罩与检验台面中心垂直距离为80cm±5cm。

（2）如在室内利用自然光，光源射入方向为北向左（或右）上角，不能使阳光直射产品。检验时应将产品平放在检验台上，台面铺白布一层，检验人员的视线应正视平摊产品的

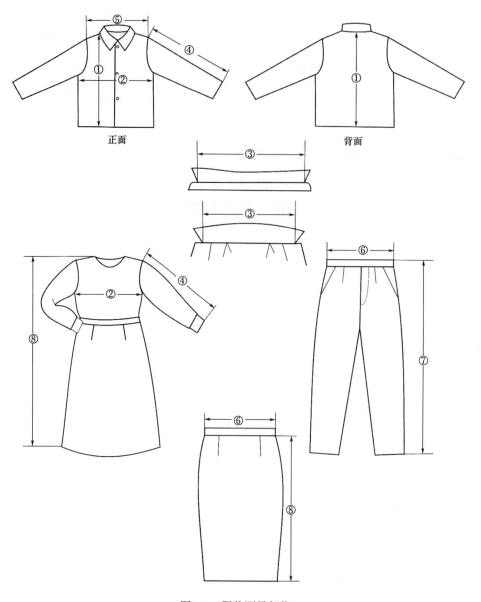

正面　　　　　　　　　　　　背面

图4-2　服装测量部位

表面，目光与产品中间距离为35cm以上。

（3）测定色差程度时，被测部位应纱向一致。入射光与织物表面约成45°角，观察方向大致垂直于织物表面，距离60cm进行目测，并与GB/T 250样卡对比。

（4）针距密度的测定方法为：在成品上任取三处单位长度进行测量（厚薄部位除外），取最小值。

（5）纬斜和弓斜按GB/T 14801规定执行。

4.5.4　内在质量测定

（1）基本安全性能测定。

A．甲醛含量测试按GB/T 2912.1规定执行。面里料能分开的，分开进行检测；面里料一体的，整体进行检测；覆黏合衬的，带黏合衬一起检测；花型特殊处理产品应将花型部分和空白部分分别进行检测。以所有单独检测的试验结果中最大的值为最终试验结果。

B．pH值测试按GB/T 7573规定执行。萃取介质采用0.1mol/L氯化钾溶液。取样参照甲醛项目取样方法。

C．异味测试按GB 18401及GB 18383规定执行。

D．可分解致癌芳香胺染料测试按GB/T 17952规定执行。

E．绳索和拉带安全测试按GB 22705—2008 标准规定执行。

F．可萃取重金属含量测试按GB/T 17593（所有部分）规定执行。

G．物理安全性的检针试验按附录A规定。毛刺、可触及性锐利边缘和尖端测试采用手感、目测法。

（2）色牢度采用单纤维贴衬，测试方法按如下条款执行。

A．耐皂洗色牢度测定按GB/T 3921 A1规定执行。

B．耐摩擦色牢度测定按GB/T 3920规定执行。

C．耐汗渍色牢度测定按GB/T 3922规定执行。

D．耐水洗色牢度测定按GB/T 5713规定执行。

E．耐光色牢度测定按GB/T 8427方法3规定执行。

F．耐光汗复合色牢度测定按GB/T 14576B法规定执行。

G．拼接互染程度测试按附录B规定执行。

（3）耐用性测定。

A．起毛起球测试方法。

取样：在成品未覆黏合衬部位任意裁取试样5块。毛针织物及仿毛针织物按GB/T 4802.3规定执行；其他织物按GB/T 4802.1规定执行，针织面料按压力780cN、起毛0次、起球600次进行试验，机织面料则根据不同织物依据GB/T 4802.1选择相应的参数。评级按GSB—16—1523—2002针织物起毛起球样照或精梳毛织品起球样照（绒面、光面）或粗梳毛织品起球样照比，取5个试样测试结果的平均值。

B．水洗尺寸变化率测定方法。

水洗尺寸变化率测试按GB/T 8628进行标记、按GB/T 8629中5A程序洗涤A法干燥，在批量样本中随机抽取三件进行测试，结果取三件的算术平均值，若同时存在收缩与倒涨试验结果时，以收缩或倒涨的两件试样的算术平均值作为检验结果，如果三件样品中一件收缩，一件倒涨，一件收缩率为0，则单件分别判定，以多数为最终结果。

C．水洗后扭曲率。

将做完水洗尺寸变化率的成衣平铺在光滑的台上，用手轻轻拍平，每件成衣以扭斜程度最大的一边测量，以3件样品中扭曲率最大值的平均值作为计算结果，水洗前试样已有扭曲，水洗后计算时应计算在内。

扭曲率测量部位如图4-3所示，图中：

①是侧缝与袖窿交叉处垂到底边的点与水洗后侧缝与底边交点间的距离。

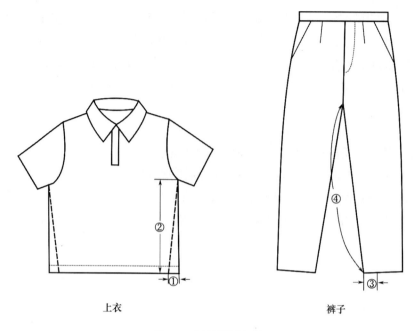

上衣　　　　　　　裤子

图4-3　扭曲测量部位

②是侧缝与袖窿交叉处垂到底边的距离。

③是内侧缝与裤口边交叉点与水洗后内侧缝与底边交点间的距离。

④是裆底点到裤边口的内侧缝距离。

扭曲率计算方法：按公式F=a/b×100计算，结果按GB/T 8170修约，精确至0.1。

D．洗涤干燥后外观平整度及接缝外观质量分别按GB/T 13769、GB/T 13771进行测定。

E．断裂强力测试按照GB/T 3923.1规定执行。

F．缝子纰裂程度取样部位按表4-14规定，取样品总量的30%（四舍五入后取整）作为试验样品，以所有试样结果的算术平均值作为测试结果，测试方法按附录C规定执行。

G．裤后裆缝接缝强力取样部位按附录D规定，取样品总量的30%（四舍五入后取整）作为试验样品，以所有试样结果的算术平均值作为测试结果，测试方法按GB/T 3923.1规定执行。

H．撕破强力测试按照GB/T 3917.2和GB/T 3917.3规定执行。

I．覆黏合衬部位剥离强度按 FZ/T 80007.3—1999规定执行，取样品总量的30%（四舍五入后取整）作为试验样品，以所有试样结果的算术平均值作为测试结果。

J．顶破强力测试按GB/T 19976 规定执行，钢球直径为38mm±0.02mm。

K．耐磨性能按GB/T 21196.2规定执行。

L．纽扣等不可拆卸小物件牢度测试按附录E规定执行。

（4）舒适性测定。

A．透气率测试按GB/T 5453规定执行，若有里料，测试时应按穿着时的实际状态进行试验。

B．透湿量测试按GB/T 12704.2 规定执行。

（5）纤维含量测试按FZ/T 01057、GB/T 2910、GB/T 16988、FZ/T 01101等规定执行。

4.6 检验分类及规则

4.6.1 检验分类

成品检验分为出厂检验、到货验收检验及形式检验。

（1）出厂检验按第4章（除4.4.5外）要求进行检验。检验规则按FZ/T 80004规定。

（2）到货验收检验按第4章要求全项目或部分项目检验。

注：生产厂可依据本标准第4章要求对原材料进行质量验收。

（3）形式检验按第4章要求全项目或部分项目检验。

4.6.2 抽样规定

外观抽样数量按产品批量：

500件（套）及以下抽取样本10件（套）。

500件（套）以上至1000件（套）抽取样本20件（套）。

1000件（套）及以上抽取样本30件（套）。

理化性能根据项目需要抽取样本，一般全项检验不少于4件（套）。

4.6.3 判定规则

（1）缺陷分类。

单件产品不符合本标准规定的要求即构成缺陷。

按照产品不符合本标准要求和对产品性能、外观影响的程度，缺陷分成三类。

A. 严重缺陷：严重降低产品的使用性能，严重影响外观的缺陷，称为严重缺陷。

B. 重缺陷：不严重降低产品的使用性能，不严重影响外观，但较严重不符合本标准要求的缺陷，称为重缺陷。

C. 轻缺陷：不符合本标准要求，但对产品的使用性能、外观有较小影响的缺陷，称为轻缺陷。

（2）缺陷评定按表4-15的规定执行。

表4-15 缺陷评定标准

项目	序号	轻度缺陷	中度缺陷	严重缺陷
使用说明	1	使用说明内容不规范	使用说明内容不正确	使用说明内容缺项
外观及缝制质量	2	缝制线路不顺直、不平服；底边不圆顺；止口宽窄不均匀，不平服；接线处接头明显；起落针处没有回针；30cm有两个单跳线；上下线轻度松紧不适宜	缝制线路歪斜；30cm有两个单跳线；上下线严重松紧不适宜	缝制线路严重歪斜；链式线迹跳线

项目	序号	轻度缺陷	中度缺陷	严重缺陷
外观及缝制质量	3	熨烫不平服；有亮光	轻微烫黄；变色	变质、残破
	4	表面有污渍；表面有长于1cm的连根线头3根及以上	有明显污渍，面料大于2cm²，里料大于4cm²；水花大于4cm²	有严重污渍；污渍大于3cm²
	5	领子表、里松紧不合适；表面不平服；领尖长短或驳头宽窄差大于0.3cm；领窝不平服；起皱；绱领子（以肩缝对比）偏差大于0.6cm	领子表、里松紧明显不合适；除领子部位以及其他部位30cm内有两处以上单跳针或连续跳针；领窝明显不平服；起皱；绱领子（以肩缝对比）偏差大于1cm	链式线迹跳线
	6	门襟长于底襟0.5～1cm；底襟长于门襟0.5cm；门、底襟止口反吐；门襟不顺直；装拉链不平服，拉链牙外露宽度不一致	门襟长于底襟1cm以上；底襟长于门襟0.5cm以上；装拉链明显不平服	—
	7	包缝后缝份小于0.8cm；毛、脱、露大于1cm	有明显拆痕；毛、脱、露大于1cm；表面部位布边的针眼外露	毛、脱、露大于2cm
	8	绱袖不圆顺；前后不适宜；吃势不均匀；两袖前后不一致大于1.5cm；袖子起吊，不顺	绱袖明显不圆顺；两袖前后不一致大于2.5cm；袖子明显起吊，不顺	—
	9	锁眼、钉扣、各个封结不牢固；扣眼间距不均匀，互差大于0.3cm；扣位于眼位或者四合扣上下扣互差大于0.3cm	扣眼间距不均匀，互差大于0.6cm；扣位于眼位或者四合扣上下扣互差大于0.6cm	—
	10	袖缝不顺直；两袖长度差大于0.8cm；两袖口大小互差大于0.4cm	—	—
	11	肩线不顺直、不平服；两肩线宽窄不一致，互差大于0.5cm	—	—
	12	装拉链不平服，露牙子不一致	装拉链明显不平服	—
	13	表面绗线不顺直；横向绗线、对称绗线互差大于0.4cm	横向绗线、对称绗线互差大于0.8cm	—
	14	—	—	成品内有金属针
	15	口袋、袋盖不圆顺；袋盖与贴袋大小不相宜；开袋豁口或袋牙宽窄互差大于0.5cm	袋口封结不牢固；毛茬；无挡口布	—
	16	—	拉链或缝制部位经洗涤试验后起拱	缝制部位经洗涤试验后破损
拼接	17	—	—	不符合本标准规定
规格允许偏差	18	规格超出本标准规定50%及以内	规格超出本标准规定50%以上	规格超出本标准规定100%以上
纬斜	19	超出本标准规定50%及以内	超出本标准规定50%以上	—
对条对格	20	超出本标准规定50%及以内	超出本标准规定50%以上	—

项目	序号	轻度缺陷	中度缺陷	严重缺陷
辅料	21	线、衬及辅料的色泽与面料不匹配；钉扣线与扣颜色不匹配	—	纽扣及金属扣、附件等脱落；金属件腐蚀生锈；上述配件洗涤后脱落或腐蚀生锈
色差	22	面料、里料色差不符合本标准规定半级；里料影响色差低于3级	面、里料色差不符合本标准规定半级以上	—
疵点	23	2、3号部位超过本标准规定	1号部位超过本标准规定	—
针距	24	低于本标准规定2针以内（含2针）	低于本标准规定2针以上	—

注：1. 以上各缺陷按序号逐项累计计算
　　2. 本表未涉及的缺陷可根据标准规定，参照规则相似缺陷酌情判定
　　3. 丢工为重缺陷，缺件为严重缺陷
　　4. 理化性能一项不合格即判定为该抽验批次不合格

4.7　包装、储存和运输

（1）每套学生装用薄膜塑料袋包装，并附统一的合格证。

（2）按班级打包，每班一个大包装，内附装箱（包）单，包装外注明学校、班级、男女装各多少套，并采取防水（雨）措施。

（3）特殊情况下，按与管理部门或学校的协议条款执行。

附录A　检针试验方法

A.1　原理
利用磁感应，检验服装中是否存在金属针。

A.2　试验仪器
可采用平板式或手持式磁铁性金属检测仪。检测灵敏度：检测距离10mm时为直径1.2mm铁球；检测距离50mm时为直径0.7mm铁球。

A.3　试样
成品服装上的金属附件应先消磁处理，或去除样品上的金属附件后再进行检针试验。当采用手持式检测器时，样品可不必进行以上处理。

A.4　试验步骤

试验前先对仪器进行校准，保证附录A.2规定的灵敏度。将包装好的服装正反两面逐件置于检测平板上，或采用手持式检测仪对服装的正反两面表面各处进行检测。

A.5　试验结果

当试验时检测仪发出鸣叫声或显示时，对服装及其包装进行检查，确认服装存在金属针时，记录所检试样存在金属针。

附录B　拼接互染程度测试方法

B.1　原理

成衣中拼接的两种不同颜色的面料组合成试样，放于皂液中，在规定的时间和温度条件下，先经机械搅拌，再经冲洗、干燥，最后用评定沾色用灰色样卡对试样的沾色程度进行评级。

B.2　试样要求与准备

（1）成衣上有部位适合直接取样时，直接在成衣上选取面料拼接部位，以拼接接缝为试样中心，取样尺寸为40mm×200mm，使试样的一半为拼接的第一种颜色，另一半为第二种颜色。

（2）成衣上无部位适合直接取样时，可在成衣上或该批产品的同批面料上分别剪取大小为40mm×100mm的拼接面料，再将两块试样沿短边缝合成组合试样。

B.3　试验操作程序

（1）按GB/T 3921—2008进行洗涤试验，条件按附表4-1中A（1）执行。
（2）用GB/T 251沾色卡评定两种面料的沾色等级。

附表4-1　试验条件

试验方法编号	温度/℃	时间	钢珠数量	碳酸钠
A（1）	40	30min	0	—
B（2）	50	45min	0	—
C（3）	60	30min	10	+
D（4）	95	30min	10	+
E（5）	95	4h	10	+
注：钢珠为耐腐蚀的不锈钢珠，直径约为6mm				

附录C　缝子纰裂程度试验方法

C.1　原理

在垂直于服装（或缝制样）接缝的方向上施加一定的负荷，接缝处脱开，测量其脱开的最大距离。

C.2　仪器和工具

（1）织物强力机，夹钳距离可调至10.0cm，夹钳无载荷时移动速度可调至5.0cm/min，预加张力（重锤）为2N，夹钳对试样的有效夹持面积为2.5cm×2.5cm。

（2）裁样剪刀。

（3）钢直尺，分度值为1mm。

C.3　试验环境

调湿，试验采用标准大气，温度（20±2）℃，相对湿度（65±4）%。

C.4　试样要求与准备

（1）试样尺寸：5.0cm×20.0cm，其直向中心线应与缝迹垂直。

（2）试样数量：从成品服装的每个取样部位（或缝制样）上各截取三块。

（3）试样预处理：温度（20±2）℃及相对湿度（65±4）%的标准大气中，试样吸湿调湿平衡。

C.5　试验步骤

（1）将强力机的两个夹钳分开至10.0cm±0.1cm，两个夹钳边缘应相互平行且垂直于移动方向。

（2）将试样固定在夹钳中间（试样下端先挂上2N的预加负荷钳，再拧紧下夹钳），使试样直向中心线与夹钳边缘相互垂直。

（3）以5.0cm/min的速度逐渐增加至规定的负荷（附表4-2）时，停止夹钳的移动，然后

附表4-2　试验规定负荷

试样名称			试验规定负荷（N）
服装面料	丝绸	52g/m² 以上织物	67±1.5
		52g/m² 以下织物或67g/m² 以上的缎类织物	45±1.5
其他纺织织物			100±2.0
服装里料			70±1.5

在试样上垂直量取其接缝脱开的最大距离，如附图4-1所示，测量值至0.05cm。若试验中出现纱线从试样中滑脱现象，则测试结果记为滑脱。若试验中出现试样断裂、撕破或缝线断裂现象，则在试验记录中予以描述。

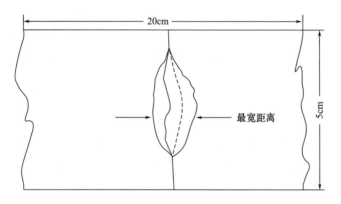

附图4-1　试样接缝脱离

C.6　试验结果

分别计算每部位各试样测试结果的算术平均值，计算结果按GB/T 8170，精确至0.1cm。若三块试样中仅有一块出现滑脱，则计算另两块试样的平均值，若三块试样中有两块或三块出现滑脱，则结果为滑脱；若试样出现织物断裂、织物撕破或缝线断裂，则结果为织物断裂、织物撕破或缝线断裂。

附录D　裤后裆缝接缝强力试验取样部位示意图（附图4-2）

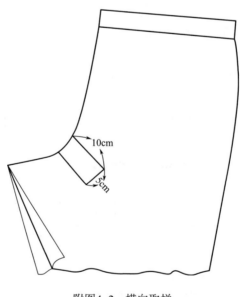

附图4-2　横向取样

附录E　附件抗拉强力试验方法

E.1　原理

在垂直和平行于校服附件主轴的方向上，在一定时间内施加一定的负荷，来验证学生服的附件的抗拉强力是否满足规定的要求。当附件由固定在学生服的两部分构成时，两部分都要测试。

E.2　施加的负荷

对附件施加的负荷为70N ± 2N。

E.3　设备测量范围

测量范围0 ~ 200N的拉力测试仪。要求拉力测试仪具有显示整个试验过程拉力数值的能力，精度为 ± 2N。

E.4　试样准备

（1）随机取校服成品三件，去除包装。

（2）将校服样品置于相对湿度为65% ± 4%，温度为20℃ ± 2℃的标准大气中调湿，并在这一温湿度条件下，完成试验。

E.5　试验步骤

（1）用拉力测试仪的下夹钳夹住附件与学生服联结处的面料，使附件平面垂直于拉力测试仪的上夹钳，如附图4-3所示。

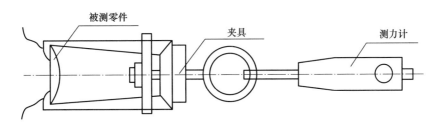

附图4-3　附件抗拉力试验

（2）上夹钳夹住被测附件，注意夹持时不得引起被测附件明显变形、破碎等不良现象。

（3）沿着与被测附件主轴平行的方向，在5s内均匀施加70N ± 2N的负荷，并保持10s；更换上夹钳，沿着与被测附件垂直的方向，在5s内均匀施加70N ± 2N的负荷，并保持10s。若发现以下情况时，则该数据作废：

A. 附件从上夹钳中滑落，但未从下层面料被拉掉；

B. 附件从上夹钳中滑落并破碎。

（4）记录试验结果。

E.6　判定

当所有被测校服上的不可拆卸小物件均未从服装上脱落时，判定该项目合格；否则判定为不合格。

附录F　校服生产工序划分（附表4-3～附表4-8）

附表4-3　男西装式校服生产工序

工序号	工种	工序名称	作业范围
1		排料划样（面料）	包括注明型号、规格、板数、标记
2		排料划样（里料）	包括注明型号、规格、板数、标记
3		排料划样（大身衬）	包括注明规格、层数
4		排料划样（胸衬）	包括注明规格、层数
5		排料划样（下节衬）	包括注明规格、层数
6		排料划样（袋布）	包括注明规格、层数
7		开刀（面料）	
8		开刀（里料）	
9		开刀（大身衬）	
10		开刀（胸衬）	
11		开刀（下节衬）	
12	裁剪工	开刀（袋布）	
13		开刀前复核（面料）	复核排料、规格、数量
14		开刀前复核（里料）	复核排料、规格、数量
15		开刀后检查（面料）	复核排料、规格、数量
16		打线打分片	眉尖、袋角打线丁、领角分片
17		前、后片劈片	包括剪省道、划背缝线
18		铺料（面料）	铺80层
19		铺料（里料）	铺100层
20		铺料（大身衬）	铺60层
21		铺料（胸衬）	铺60层
22		铺料（下节衬）	铺100层
23		铺料（袋布）	铺100层
24		验片（里）	查看织疵

工序号	工种	工序名称	作业范围
25	裁剪工	开包编号	衣片、里子、零部件、袋布编号，衬头、驳头衬、袖口衬、下节衬等
26		结料（面料）	包括理料、结算、退料
27		结料（里料）	
28		结料（大身衬）	
29		结料（胸衬）	
30		结料（下节衬）	
31		结料（袋布）	
32		整理（大身衬）	点数、分档扎好
33		整理（胸称）	
34		整理（下节衬）	
35		整理（袋布）	
36		理烫里子	指烫平、卷好
37	缝纫烫工	推门	
38		烫止口	
39		归、拔领面	
40		分烫省道	
41		烫大身衬	
42		扣烫手巾袋口	一只
43		扣烫大袋盖	包括划剪袋盖
44		分烫袋口	熨烫
45		归、拔后背	熨烫
46		归、拔领里	熨烫
47		烫划剪领串口	熨烫
48		分烫摆缝面	熨烫
49		扣烫摆缝面	熨烫
50		扣烫底边	熨烫
51		扣烫止口	熨烫
52		扎、烫领脚	包括分串口
53		归拔偏袖弯度	熨烫
54		烫驳头	熨烫
55		烫袋	包括烫大身牵条、两只
56		烫底边里	包括翻出
57		分烫肩缝	熨烫

工序号	工种	工序名称	作业范围
58	缝纫烫工	轧、烫袖窿	熨烫
59		分烫里袖缝	熨烫
60		扣烫袖口	熨烫
61		分烫、扣外袖缝	包括扣袖叉
62		整烫袖子	两只
63		归、拔挂面（过面）	熨烫
64		烫挂面（过面）里	包括烫里子省道
65		剪口商标	
66		烫里袋衬	两只
67		扣烫袖里	一副
68		分烫袖里	
69	缝纫手工	敷衬	包括滴省、划驳头线、沿口剪齐
70		敷大身牵条	包括敷驳口牵条，撕环牵条
71		敷挂面（过面）	包括劈挂面直丝、对号
72		拱止口	拱针机
73		拱手巾袋角	拱针机
74		复领面	
75		包领角	两只角
76		翻扎止口	
77		劈（止口）门	包括修剪止口衬
78		扎、滴过面（挂面）	包括滴里袋布，针距3～4cm
79		划剪手巾口衬	一只
80		开剪大袋、手巾袋口	开袋机
81		环做背叉	
82		划剪领头	
83		劈肩头	
84		修剪止口	手工
85		装垫肩	
86		扎、滴串口	
87		扎领脚	
88		缲领角	
89		领发裁片	
90		修剪前身里	
91		划剪袋盖面	两只

工序号	工种	工序名称	作业范围
92	缝纫手工	划剪袋盖面	两只
93		划剪手巾袋面	一只
94		修剪大袋盖	两只
95		划大袋、手巾袋位	
96		滴大袋布、滴手巾袋布	针距3~4cm
97		手敷背叉牵条	
98		扎、滴底边	
99		滴摆缝扎背叉	线距4厘米
100		扎、滴肩缝	包括扎前领圈、袖窿
101		扎肩里	
102		缲底边角	撬边机
103		缲背叉	包括绷背缝三角针
104		缲袖叉	两只
105		滴袖口、滴袖缝	包括翻出两只（袖口）
106		开（净、顺）袖	包括开袖里
107		滴袖窿里	
108		划里袋位	两只
109		修剪袖窿里	
110		拆全件扎线	
111	缝纫车工	夹（勾）止口	
112		装大袋嵌线	两只
113		装手巾袋口	一只
114		做大袋	包括缉袋底两只
115		做手巾袋	包括缉袋底
116		装领	包括划、缉串口，对号
117		装袖	包括对号
118		拉缉袖山头吃势（吃度）	
119		收缉前身省道	
120		缉大身衬	
121		夹（勾）大袋盖	两只
122		做里袋	两只
123		缉行领里	
124		拷（合）摆缝面	包括对号
125		拷（合）肩缝	

工序号	工种	工序名称	作业范围
126	缝纫车工	缉、翻袖口	包括加放袖口衬两只
127		缉外袖缝	
128		缉挂面（过面）里	包括里子收省
129		缉背缝	平缝
130		机缝三角针	三角针机
131		缉里子背缝	平缝
132		缉翻底边	平缝
133		做垫肩	（外口机缉，里口手扎）两只
134		钉吊带	平缝
135		机扎驳头	平缝
136		拷（合）摆缝里	平缝
137		拉缉前袖隆牵条	平缝
138		拉缉后袖隆牵条	平缝
139		缉袖里缝	平缝
140		缉袖里	一副
141		钉商标	平缝
142		缉大袋垫头	两只
143		做里袋布	包括缉垫头、加放小尺码两只
144		缉拼领衬	平缝
145		缉拼领里	平缝
146		做吊带	包括对号
147		缉领衬盖布	
148	检验工	检验半成品	
149		检验	整体检验
150	锁钉工	机锁眼	眼位样板
151		钉纽扣	扣位样板
152		划眼位	用型板
153		划纽位	包括袖口纽位
154	整烫工	整烫	整体熨烫
155			
156	包装工	折衣	
157		套袋	包装，配号

附表4-3　男式校服西裤生产工序

工序号	工种	工序名称	作业范围
1	裁剪工	排料划样（面料）	包括注明型号、规格、板数、标记
2		排料划样（袋布）	包括注明型号、规格
3		排料划样（腰衬）	
4		开刀（面料）	
5		开刀（袋布）	
6		开刀（腰衬）	
7		开刀前复核	复核排料、规格、数量
8		开刀后检查	
9		铺料（面料）	
10		铺料（袋布）	
11		铺料（腰衬）	
12		开包编号	裤片，零部件，袋布，腰里，里襟编号
13		打线丁	折后省省尖
14		结料（面料）	包括理料，结算，退料
15		结料（袋布）	
16		结料（腰衬）	
17		整理（袋布）	点数，分档，扎好
18		整理（腰衬）	点数，分档，扎好
19	缝纫烫工	扣烫小裤底	两只
20		烫后袋	两只
21		扣斜袋口	两只
22		扣烫里襟	
23		扣烫脚口	两只
24		扣烫腰节	包括修翻腰角
25		修剪扣腰衬	
26		分烫侧缝	包括扣烫斜袋布
27		分烫下裆缝	
28		剪扣商标	
29		分烫腰面，腰衬	
30	缝纫手工	开剪袋口	两只
31		领发裁片	
32		划斜袋位	两只
33		做剪串带	八根
34		拷几件扣	包括加垫布

续表

工序号	工种	工序名称	作业范围
35	缝纫手工	扎腰节	
36		校对前身大小	
37		扎小裤片	
38		划后袋位	两只
39		扎脚口	两只
40		缲袋角	两只
41		修剪线头	包括拆扎线
42	缝纫车工	装后袋嵌线	两只
43		做袋	两只
44		做斜插袋	两只
45		装门里襟拉链	
46		塞小裆装门里襟	
47		装腰头	包括塞串带
48		缉后缝	双线
49		缉腰节，缝小裆	钉串带，压门里襟
50		裤片拷边	前后片
51		收缉后省	四只
52		拷下裆缝	
53		脚口拷边	两只
54		合中缝	
55		做斜袋布	两只
56		缉斜袋布	两只
57		勾里襟	
58		钉商标	加小尺码
59		拼缉腰头坐势，做表袋	包括做表袋布
60		拼接腰面	
61		拼接腰衬	
62	检验	检验半成品	
63		检验	整体检验
64	锁钉工	机锁眼	
65		钉纽扣	机钉

工序号	工种	工序名称	作业范围
66	锁钉工	划眼位	扣位板
67		划纽扣位	
68	整烫工	整烫	整体熨烫
69	包装工	折衣	
70		包装	

附表4-5　女西装式校服生产工序

工序号	工种	工序名称	作业范围
1	裁剪工	排料划样（面料）	包括注明型号、规格、板数、标记
2		排料划样（里子）	包括注明型号、规格、板数、标记
3		排料划样（衬）	包括注明规格、层数
4		开刀（面料）	
5		开刀（里子）	
6		开刀（衬）	
7		开刀前复核（面料）	复核排料、规格数量
8		开刀前复核（里子）	复核排料、规格、数量
9		开刀后检查	
10		铺料（面料）	铺……层
11		铺料（里子）	铺……层
12		铺料（衬）	铺……层
13		点剪省道	包括领面分片
14		验片	查看织疵
15		开包编号	衣片、里子、零部件、袋布编号衬头、领衬、奶壳衬、袖口衬等点数
16		结料（面料）	包括理料、结算、退料
17		结料（里子）	
18		结料（衬）	
19		整理	包括点数、分档、扎好
20		烫里子	包括里子烫平、卷好
21	缝纫烫工	推门	
22		翻烫止口	
23		拔烫领面领里	
24		翻烫领止口	
25		分烫领脚串口	

工序号	工种	工序名称	作业范围
26	缝纫烫工	翻烫眼子	两只
27		翻烫袋盖	两只
28		分烫嵌线	两只
29		归拔后背	
30		归拔偏袖弯度	
31		分烫肩头摆缝面	
32		扣烫底边	
33		烫衬	
34		烫里止口	
35		烫驳头	
36		烫驳头牵条	
37		轧烫袖窿	
38		分烫袖缝	包括扣烫袖贴边、袖衩
39		整烫袖子	两只
40		扣烫肩头摆缝里	
41		烫挂面（过面）里子	
42		扣烫袖里	一副
43		剪扣商标	
44		分烫领衬领里	
45	缝纫手工	敷衬	包括滴省
46		敷过面（过面）	
47		扳止口	
48		修剪领止口	
49		扳领止口	
50		劈剪大身衬	指驳头以下止口部位
51		劈前驳头衬	
52		敷驳头、驳口牵条	包括环牵条
53		开剪眼子	两只
54		开剪袋口	两只
55		扎、滴过面（过面）	包括滴袋布、修大身里子、挂面串口
56		装垫肩	两只
57		滴领脚	
58		开缲眼子	两只
59		修剪止口	拆扎线
60		修领面、化眼刀	

工序号	工种	工序名称	作业范围
61		扳领脚	
62		扎、滴串口	
63		缲底边	后身
64		领发裁片	
65		划袋位	两只
66		划剪袋盖	两只
67		滴袖缝	两只
68		开（净顺）袖	
69		修领圈衬	
70		修扎眼子	两只
71		划剪袋盖面	两只
72		划剪袋盖里	两只
73		划剪袋盖衬	两只
74		划剪领衬	包括编号
75		滴肩头	
76		滴袖窿	
77		缲袖衩	两只
78	缝纫手工	划眼位	两只
79		扎袖衬	两只
80		扎袋牵	两只
81		翻吊带	
82		扎底边里子	
83		滴袖口	两只
84		滴摆缝	
85		滴底边	包括翻出
86		折全件扎线	
87		装袋盖嵌线	嵌线放两只嵌条
88		做大袋	两只
89		夹（勾）止口	
90		拉袖山头吃势（吃度）	
91		装领	包括缉串口、对号
92		装袖	包括对号
93		夹（勾）领止口	
94		收缉省道	包括肋省、胸省、肩省
95		拉缉止口牵条	

续表

工序号	工种	工序名称	作业范围
96		缉眼子	两只
97		夹（勾）袋盖	两只
98		缉外袖缝	
99		缉翻袖口	两只
100		拷（合）摆缝面	包括对号
101		缉袖窿里	
102		拷（合）肩头面	
103		机扎领里	
104		拼接大身衬	包括缉奶壳衬
105		机扎驳头	
106		缉挂面（过面）里子	
107		缉背缝	
108		收缉肩省	
109	缝纫手工	缉里袖缝	
110		缉袖里	一副
111		缉后领里	
112		缉后领里	后身要留洞
113		缉底边里	（棉花垫肩）两只
114		做垫肩	平缝
115		拉缉前袖窿牵条	平缝
116		拉缉后袖窿牵条	平缝
117		缉里子背缝肩省	平缝
118		拷（合）摆缝面	平缝
119		订商标	平缝
120		拷（合）肩头里	平缝
121		缉吊带	平缝
122		拼缉领衬领里	平缝
123	检验工	检验半成品	
124		检验	整体检验
125	锁钉工	钉纽扣	
126		点纽位	包括袖口纽位
127	整烫工	烫成品	整体熨烫
128	包装工	折衣，套袋	包装，配号

附表4-6　女式校服长袖衬衫生产工序

工序号	工种	工序名称	作业范围
1	裁剪工	排料划样	注明型号、规格、板数、标记
2		开刀（面）	磨电刀、加油、钻眼、边角料装袋
3		开刀（领衬）	磨电刀、加油、边角料装袋
4		开刀前复核	复核排样、规格、数量
5		开刀后检查	复核规格、检查刀口、修正刀口
6		铺料（面）	匹布装架、断料、放嵌条、分清匹数、量余料、烫折影
7		分包编号	分衣片、编号盖章、夹标签、扎包、装袋
8		验片	检查残疵、修补织疵、夹调片、记录
9		铺料（领衬）	匹衬装架、断料、量余料、记录
10		划样	注明型号、规格、板数、标记
11		结料（面）	理料、结算、退料、记录
12		结料（领衬）	
13	缝纫案板工	修、翻、烫领子	电熨斗熨烫
14		翻、烫袖头	
15		翻烫门里襟	
16		划领衬	剪领角
17		粘烫领面	领衬、点数、保管领衬
18		分烫领面、领里中缝	
19		领衬热定型	
20		粘烫领里	
21		粘烫领脚	
22		扣烫面领角	
23		修领角	化眼刀
24		剪扣商标	领商标、点数、保管商标
25	缝纫车工	包领角	领包角布、回形针
26		装袖	包缝
27		装袖头	平缝
28		装领	平缝
29		压领	平缝
30		夹（勾）领止口	平缝
31		扯袖衩	剪袖衩
32		拉袖山头吃势（吃度）	
33		夹（勾）袖头	平缝

工序号	工种	工序名称	作业范围
34	缝纫车工	缉（合）摆缝	包缝
35		卷缉底边	平缝
36		收缉前胸省	平缝
37		收缉后肩省	平缝
38		夹（勾）门里襟底边	平缝
39		拼缉领面中缝	平缝
40		拼缉领里中缝	平缝
41		缉领里上口	平缝
42		缉领下脚	平缝
43		钉商标	平缝
44		拼接袖衩	平缝
45		封袖衩	平缝
46		缉袖口细裥	平缝
47		拉缉袖头衬	领袖头衬、点数、保管衬
48		缉（合）肩缝	
49	检验工	检验半成品	复核规格、负责退修、巡回检查半成品质量
50		检验成品	
51	锁眼工	机锁眼	装眼刀、校标尺
52		机钉纽	扣位板
53		点纽位	
54		修剪线头	整体修剪
55	整烫工	整烫	整烫、洗刷油污渍和检查跳、漏线
56			
57			
58	包装工	套袋	折好包装

附表4-7 校服裙生产工序

工序号	工种	工序名称	作业范围
1	裁剪工	排料划样（面料）	包括注明型号、规格、板数、标记
2		排料划样（里布）	包括注明型号、规格
3		排料划样（腰衬）	
4		开刀（面料）	
5		开刀（里布）	
6		开刀（腰衬）	

续表

工序号	工种	工序名称	作业范围
7	裁剪工	开刀前复核	复核排料、规格、数量
8		开刀后检查	
9		铺料（面料）	
10		铺料（里布）	
11		铺料（腰衬）	
12		开包编号	裙片，零部件，腰里，编号
13		打线丁	折后省省尖
14		结料（面料）	包括理料，结算，退料
15		结料（腰衬）	
16		整理（腰衬）	点数，分档，扎好
17	缝纫手工	锁边	前后群片表布，侧缝，下摆
18		做标记，黏衬	剪开衩处多余部分
19	缝纫车工	收省缝	前后片表布省缝
20		缝合表后中心	平缝
21		缝合左右开衩处	平缝
22		左右前裙片表布省缝	
23		开衩处反面	平缝
24		收前后片里布省缝	平缝
25		缝合里后中	平缝
26		缝合两侧缝里	两侧缝里一起锁边
27		将拉链绱在里布上	平缝
28		将拉链临时固定在表布上	手针
29		将拉链绱在表布上	平缝
30		缝合下摆开衩处	缝合表里裙片后中心下摆
31		固定表里裙片	手针扦缝
32		绱裙腰	平缝
33		灌缝固定裙腰里	平缝
34	烫工	熨烫省缝	前后片表里
35		劈烫后中心	劈缝
36		劈烫侧缝，折烫下摆	
37		倒烫里布省缝	倒缝
38		倒烫两侧缝	左右前后侧缝倒向前裙片
39		熨烫裙腰	

工序号	工种	工序名称	作业范围
40	锁钉工	钉裙钩	
41	检验	检验半成品	
42		检验	整体检验
43	整烫工	整烫	整体熨烫
44	包装工	折衣	
45		包装	

附表4-8 夹克式校服运动衫生产工序

工序号	工种	工序名称	作业范围
1	裁剪工	排料划样	注明型号、规格、板数、标记
2		开刀（面）	包括打钻眼、边角料装袋
3		开刀（袖窿条）	扎包、吊写标签、边角料装袋
4		开刀（领衬）	
5		开刀（袋布）	
6		开刀前复核	核对工艺、搭配单、复核样板、数量、规格
7		开刀后检查	检查刀口、修正刀口
8		排料划样（领衬）	注明型号、规格、板数、标记
9		排料划样（袖窿条）	
10		排料划样（袋布）	
11		铺料（面）	仓库取料、断料、烫折影、断剔疵布、清点层数、夹布条
12		铺料（领衬）	取料、断料、清点层数
13		铺料（袖窿条）	
14		铺料（袋布）	
15		规格分档	规格分类、写标签、扎标签
16		编号	调试、保养号码机、夹扎标签
17		验片	清除衣片接头、疵片、调片、补号、记录
18		捆大包	包括吊挂标签、扎大小包
19		结料（面）	结算、记录、退仓
20		结料（领衬）	
21		结料（袖窿条）	
22		结料（袋布）	
23	缝纫 案板工	翻烫领止口	包括修内缝
24		扣烫门里襟止口	

工序号	工种	工序名称	作业范围
25	缝纫案板工	扣烫下摆底边	
26		领发裁片	挂流转牌
27		修剪领脚	包括点刀眼
28		分烫领里	
29		扣烫挂面（过面）止口	
30		翻、烫袖口襻	
31		扣烫袖口贴边	
32		粘烫袋口嵌线	包括划嵌线
33	缝纫车工	装缉门里襟拉链	修剪领圈、拉链头
34		装领	包括修剪领圈、挂面
35		压领	包括缉领止口明线、夹装吊带
36		装袖	
37		装缉袋口嵌线	包括敷袋布里、装缉袋布面
38		封缉袋口	
39		拉缉袖头吃势（吃度）	包括拱接袖窿条
40		兜（勾）领止口	
41		拷（合肩）摆缝	
42		正缉下摆底边	
43		正缉袖口贴边	
44		开剪袋口	
45		包袖窿	
46		行缉领里衬	包括行缉领脚、领样板、校规格
47		拷边	
48		钉商标	包括剪、折商标
49		缉外袖缝	
50		缉里袖缝	包括装袖口襻
51		袋布拷边	两只
52		封缉袋布吊带	
53		拼接领里	
54		缉门里襟底边	
55		做吊带	包括修剪布条
56		兜（勾）袖口襻	
57		缉袖口襻止口明线	
58		缉袋布	

工序号	工种	工序名称	作业范围
59	检验工	检验半成品	
60		检验成品	
61	锁钉工	机锁眼	
62		手工钉纽扣	
63		点眼位	
64		点纽位	
65		修剪线头	包括跳线，漏线
66	整烫工	整烫	整体
67	包装工	包装	包括套袋、裁包装纸、搭配规格

参考文献

［1］中国服装信息检测中心［OL］. http://www.cgsii.net/.

［2］国家服装质量监督检验中心［OL］. http://www.gfzxtj.org.cn/news.asp.

［3］国家功能纤维及纺织产品质量监督检验中心［OL］. http://www.gjgnxwjfzcpzljdjyzx.com.

［4］中国纤维检验局［OL］. http://www.cfi.gov.cn/.

［5］GB/T 24117　针织物　疵点的描述　术语［S］.

［6］GB/T 24250　机织物　疵点的描述　术语［S］.

［7］国家质量监督检验检疫总局［OL］. http://www.aqsiq.gov.cn/.

［8］河北省纤维检验局［OL］. http://shijiazhuang060054.11467.com/about.asp.

［9］服装企业生产工人劳动规范（试行本）［M］. 北京：中华人民共和国纺织工业部，1995.

［10］GB/T 31888—2015中小学生校服. 中华人民共和国国家标准［S］. 北京：中国标准出版社. 2015.

［11］GB/T 22854—2009针织学生服［S］. 北京：中华人民共和国国家质量监督检验检疫总局，中国国家
标准委员会，2009.

［12］GB/T 23328—2009机织学生服［S］. 北京：中华人民共和国国家质量监督检验检疫总局，中国国家
标准化管理委员会，2009.

［13］GB/T 3101—2015婴幼儿及儿童纺织产品安全技术规范［S］. 北京：中华人民共和国国家质量监督检
疫总局，中国国家标准化管理委员会，2015.

［14］GB/T 31888—2015中小学生校服［S］. 北京：中华人民共和国国家质量监督检验检疫总局，中国国
家标准化管理委员会，2009.

［15］文化服装讲座（新版）产业篇［M］. 北京：中国轻工业出版社. 2011.

［16］杨秀月，周双喜，施琴GB/T 31888—2015中小学生校服标准解读［J］纺织检测与标准，2015NO1.
36～39.

［17］DB61陕西省地方标准，学生服安全技术规范（送审稿）.